安全科学与工程类高层次人才创新创业（专创融合）实践教程

韩雪峰　王晓梅　编著

机械工业出版社

本书依据教育部《普通本科学校创业教育教学基本要求（试行）》的相关规定，结合安全工程专业学生创新创业理论基础相对薄弱和实践经验相对匮乏的实际情况，根据创新创业所需的基础理论、基本知识、基本方法和基本流程的思路编写而成。全书共分 8 章，主要内容包括绪论、创新创业成功的基本条件与保障、创新创业市场分析、创新创业机遇、创新创业资源的挖掘与整合、创新创业风险识别与防范、创新创业计划书、安全生产领域（行业）创新创业实践。

本书理论阐述深入浅出、循序渐进，实践应用具体、充实，在附录部分特别提供了适用于科技生产型和服务型项目的创新创业计划书示例，帮助读者特别是安全工程专业学生轻松掌握创新创业相关知识和理论，提升创新创业能力，提高创新创业的质量和成功率。

本书主要作为安全工程及相关专业本科生创新创业的通识教育指导教材，也可为准备创新创业的社会职场人士提供参考。

图书在版编目（CIP）数据

安全科学与工程类高层次人才创新创业（专创融合）实践教程/韩雪峰，王晓梅编著.—北京：机械工业出版社，2022.5
ISBN 978-7-111-71006-6

Ⅰ.①安… Ⅱ.①韩…②王… Ⅲ.①安全科学-技术人才-人才培养-高等学校-教材②安全工程-技术人才-人才培养-高等学校-教材 Ⅳ.①X9-4

中国版本图书馆 CIP 数据核字（2022）第 103447 号

机械工业出版社（北京市百万庄大街 22 号　邮政编码 100037）
策划编辑：冷　彬　　　　　责任编辑：冷　彬
责任校对：薄萌钰　张　薇　封面设计：王　旭
责任印制：单爱军
北京虎彩文化传播有限公司印刷
2022 年 8 月第 1 版第 1 次印刷
169mm×239mm・11.25 印张・203 千字
标准书号：ISBN 978-7-111-71006-6
定价：49.00 元

电话服务　　　　　　　　　网络服务
客服电话：010-88361066　　机　工　官　网：www.cmpbook.com
　　　　　010-88379833　　机　工　官　博：weibo.com/cmp1952
　　　　　010-68326294　　金　书　网：www.golden-book.com
封底无防伪标均为盗版　　　机工教育服务网：www.cmpedu.com

前　言

创新创业精神在我国并不缺乏，回看改革开放以来的发展历程，我国已经先后经历了三次创业浪潮，"大众创业、万众创新"的提出标志着我国现正处于第四次大规模的创新创业浪潮之中。

大学生创新创业训练计划项目是教育部关于高等学校教学质量工程建设的重要组成部分，也是高校进行创新创业教育人才培养的重要任务。为提升大学生创新创业的积极性与主动性，教育部在"十二五"期间启动了"国家级大学生创新创业训练计划"，各省、自治区和直辖市也陆续启动了大学生创新创业训练计划；《教育部关于做好"本科教学工程"国家级大学生创新创业训练计划实施工作的通知》（教高函〔2012〕5号）要求各高校提出以创新创业教育促进学生全面发展的培养目标。2015年5月13日，国务院办公厅印发《关于深化高等学校创新创业教育改革的实施意见》，要求各高校面向全体学生开发创新创业基础方面的必修课或选修课，并纳入学分管理。由此，提高大学生的创新创业能力以满足现今社会发展对专业人才的要求成为各级教育行政管理部门与各高等院校所共同关注的焦点。

安全科学与工程如今已发展成为独立的一级学科，随着社会公众对安全的日益关注，加之国家对安全生产的重视，安全工程专业（安全科学与工程类下的二级专业）在我国呈现高速发展的良好态势。安全科学研究的是科学和技术全方位整合的领域，作为安全工程专业培养的、未来能够服务于区域经济建设和工业生产发展的复合型高级工程技术人员，该专业学生不仅需要学习必要的安全技术与安全管理知识，还需要掌握多个行业的安全生产方面的理论知识与工程实践能力。高等院校各专业包括安全工程专业学生自主创新创业，一方面可以缓解社会就业压力，同时大学生新创企业还可以解决部分就业从而缓解就业压力，同时通过创新，可以推动科技和社会进步，所以大学生创新创业可以引领"大众创业、万众创新"，成为第四次创新创业的弄潮儿。

本书作为 2017 年江苏省高等教育教改研究立项课题"基于互联网的安全工程专业学生众创空间有效建设与管理研究"（2017JSJG552）的成果之一，由该课题负责人南京工业大学安全科学与工程专业韩雪峰教授编写。本书既系统地介绍通用的创新创业的理论、知识、经验、方法，同时对我国安全生产领域现有的可进行创新创业的相关活动进行系统梳理，重点突出"创业中涵盖创新，创新融于创业"的理念，把创新和创业有机融合，而不是仅仅强调创业而将创业孤立于创新之外，其目的是便于大学生创业者学习市场细分和市场定位，为安全工程专业的学生开展创新创业活动开拓思路。

本书在编写过程中，参考了创新创业领域有关专家学者的著作文献及国内外相关的创新创业理论和实践研究成果，在此向这些著作文献的作者和成果所有者表示衷心的感谢。

受学术水平和编写能力所限，本书难免会存在一些疏漏和不足之处，竭诚希望得到广大读者和有关专家学者的批评指正。

韩雪峰

目 录

前言

第1章 绪 论 ··· 1
    1.1 创新创业相关基本概念 ································· 1
    1.2 创新创业的基本要求 ··································· 4
    1.3 我国的四次创新创业浪潮 ······························· 12
    1.4 安全工程专业学生创新创业的现状 ······················· 13

第2章 创新创业成功的基本条件与保障 ······················· 15
    2.1 创新创业成功的基本条件 ······························· 15
    2.2 创新创业成功的保障 ··································· 19

第3章 创新创业市场分析 ··································· 24
    3.1 市场细分 ·· 24
    3.2 市场调研 ·· 30
    3.3 市场竞争 ·· 37
    3.4 市场选择 ·· 42

第4章 创新创业机遇 ······································· 47
    4.1 创新创业机遇的概念、特征及来源 ······················· 47
    4.2 创新创业机遇识别 ····································· 49

4.3 创新创业机遇评价 ……………………………………………… 53
4.4 创新创业项目前景分析 …………………………………………… 59
4.5 安全生产领域创新创业的机遇与挑战 …………………………… 67

第5章 创新创业资源的挖掘与整合 …………………………………… 70
5.1 创新创业资源概述 ………………………………………………… 70
5.2 挖掘安全工程行业创新创业资源 ………………………………… 72
5.3 整合创新创业资源 ………………………………………………… 79

第6章 创新创业风险识别与防范 ……………………………………… 89
6.1 创新创业风险概述 ………………………………………………… 89
6.2 创新创业风险管理 ………………………………………………… 94
6.3 创新创业风险应对策略 …………………………………………… 101

第7章 创新创业计划书 ………………………………………………… 104
7.1 创新创业计划书的架构 …………………………………………… 104
7.2 创新创业计划书的撰写要求与主要内容 ………………………… 106
7.3 创新创业计划书的撰写技巧与展示技巧 ………………………… 116
7.4 创新创业计划书的评估 …………………………………………… 119

第8章 安全生产领域（行业）创新创业实践 ………………………… 121
8.1 安全工程专业发展趋势及毕业生就业情况 ……………………… 121
8.2 创新创业对安全工程专业大学生的基本要求 …………………… 122
8.3 安全评价及其方法创新与应用 …………………………………… 125
8.4 安全生产标准化技术咨询服务 …………………………………… 133
8.5 安全托管 …………………………………………………………… 140
8.6 第三方机构安全检查 ……………………………………………… 142
8.7 性能化消防安全设计的创新与应用 ……………………………… 148
8.8 风险分级管控与隐患排查"双体系"建设 ……………………… 150
8.9 生产安全事故应急预案的编制及应急演练 ……………………… 153
8.10 互联网与安全生产 ……………………………………………… 156

8.11 安全技术装备的研发 …………………………………… 160
8.12 安全生产教育培训 ………………………………………… 162
8.13 事故模拟及仿真等软件的开发 …………………………… 163

附 录

………………………………………………………………… 164
附录 A 创业计划书示例（适用于科技生产型创业项目）… 164
附录 B 创业计划书示例（适用于服务型创业项目）……… 166

参考文献

………………………………………………………………… 168

第1章 绪 论

1.1 创新创业相关基本概念

1.1.1 创业者的含义及类型

经济发展依托于企业发展,而企业发展的关键在于具备企业家精神的企业家。企业家对生产要素的重新组合是经济增长的基本动力和内在因素,所以现代经济在某种意义上说就是企业家经济。

1. 创业者的含义

创业者,英文为 entrepreneur,和企业家为同一词,意为在没有拥有多少资源的情况下,通过自己和团队不断努力和锐意创新,发掘并实现潜在价值的个体或团队。

创业者可以分为传统创业者和技术创业者。传统创业者是指那些对传统的行业,如百货、餐饮、房产中介、服装等筹集资金投资,销售或建立工厂生产产品,为顾客提供产品或服务的创业者。而技术创业者以突出技术为主,创办的企业一般规模不大,产品的技术含量和附加值比较高,利润空间比较大。

2. 创业者的类型

随着经济的发展,投身创业的人越来越多,一般来说,创业者基本可以分成以下三种类型。

(1) 生存型创业者

生存型创业者大多为下岗工人、拆迁后没有土地这一基本生产资料的农民或想走出乡村的农民,以及刚刚毕业暂时找不到工作或想自主创新创业的大学生及研究生。这是我国数量最大的创业人群。清华大学的调查报告称,这一类型的创业者占我国创业者总数的 90%。一般创业范围均局限于商业贸易,少量从事实业创业的也基本为小规模的加工业(当然这当中也有因为机遇成长为大中型企业的,但数量不多)。

(2) 赚钱型创业者

除了赚钱,该类创业者没有什么其他明确的目标。他们就是喜欢创业,喜欢做老板的感觉,不计较自己能做什么,会做什么。他们可能今天在做这样一件事,明天又在做那样一件事,而做的事情之间还可以完全不相干。其中有一些人甚至从来不考虑创业的成败得失。奇怪的是,这一类创业者中赚钱的并不少,创业失败的概率也并不比那些兢兢业业、勤勤恳恳的创业者高。而且,这一类创业者大多过得很快乐。

(3) 主动型创业者

主动型创业者又可以分为两种,一种是自动型创业者,另一种是冷静型创业者。自动型创业者大多为自信、冲动型性格特征。这样的创业者很容易失败,但一旦成功,往往能成就一番大事业。冷静型创业者是创业者中的精华,其特点是谋定而后动,不打无准备之仗,在掌握资源或是拥有技术或是二者都具备时才开始启动项目,成功的概率非常大。

1.1.2　创新与创业的概念及其关系

创新和创业具有明确的定义,各自包含所研究的领域,同时具有相辅相成的关联。2014 年 9 月,李克强总理在第八届世界达沃斯论坛上发表讲话时发出"大众创业、万众创新"的号召,我国第四次创新创业浪潮也就此开始,创新和创业在此背景下相互作用的程度变得更高,交叉融合的方式也变得多样,相对应的各行各业的创新、创业理论也层出不穷。对于构建创新型国家而言,理论离不开实践,推进我国更加具有专业性、高层次的技术创新及高等院校专业和科研创新,对于激励和培养高层次人才的创新创业能力和水平具有重大意义。

1. 创新和创业的概念

从经济学的角度来解释"创业",主要是指创业主体创造价值和提供一定程度的就业机会。创业者一般通过选取、组建适合自身发展条件的企业组织形式,为社会提供技术、产品、专利等经济活动。

一般而言,创业是指人们从事现有的社会活动和开创新的行业、事业的活动。创业者通过整合社会资源,构建创业团队,创新前沿技术等在行业、社会中进行组织、经营、科研等活动,以取得创新创业成果和技术进步为目的,发挥创业主体在社会事件中的能动性,创造相应的经济价值和社会价值,推动相关行业和领域的进步。

创业一般以创办企业作为标志，创业活动一般通过团队、企业的运营来进行。企业的利润主要是通过技术科研的成果、产品营销、风险补偿、企业管理和运作来实现回报。

美籍奥地利经济学家熊彼特最早在1912年出版的德文版《经济发展理论》一书中，提出"创新理论"（Innovation）一词，以后又在其他著作里加以应用和发展。1942年"创新理论"体系最终完成。目前，我们所讲的"创新"是把从未出现过，或者是已经有苗头即将出现的生产要素和生产条件进行整合和融合，并将其引入新的生产中，其主要分为知识创新和技术创新两类。从新材料、新技术、新产品、新模式等方面开拓新市场，作为创业者需要抓住机遇利用创新改变现有的市场，探索市场前沿所需及科技、社会发展目前或者中长期所需，创造出更加适应未来的技术、产品、科技等，从而能够获取更广泛的市场份额，创造出更具竞争力的新产品。

创新创业目前已经成为现代社会经济活动的基本方式之一，具备复杂的社会性、很高的自由度和较高的风险性。创新创业家有着推动社会发展的使命，是能够引领行业和专业内科技发展强有力的动力，具有独特的社会价值；创业还是具有社会特征的实践活动，创业者凭借自己的主观能动性、创业精神、专业素养等的有机结合，谋求发展的道路，从而体现出创业家的独特社会特征；创业活动的风险也体现出一般经济活动特征的普遍性。

2. 创新和创业的关系

（1）创新与创业的联系

创业与创新两个概念在范畴上有着本质的契合，在内涵上相互包容，在实践过程中互动发展。创业是资源的整合和再创造，创新的本质是推陈出新，创业和创新的关系是相互关联，密不可分的。创业是一个从无到有的实践，其核心是创办企业，即通过创业者的努力，得到一个新的生产或服务性企业的诞生。但其中创新能力是最重要的创业资本，创业者需要独特、清晰、科学的思维力，且只有作用于创业实践活动才能有所体现，才有可能最终获得创业的成功。新产品、新的生产方式、新的市场、新的供货渠道，以及建立或打破垄断地位都属于创新。是否创办企业或者创办企业是否成功，是判断创业与非创业、成功的创业或失败的创业活动的根本标志。无论是何种性质、类型的创业活动，它们都有一个共同的特征，即创业是主体的一种能动的、开创性的实践活动。

（2）创业的本质是创新

创业的本质是创新，是变革。创业是具有创业精神的个体与有价值的商业机会的结合，其本质在于把握机会，创造性地整合资源，创新和超前行动。创新包括技术创新、制度创新和管理创新。对于创业者来说，仅仅有创新是不够的，但没有创新的创业活动难有后劲。创业者不改变自己长期形成的固有思维模式，就难以识别创业机会，也无法做到创新。很多创业者依仗创新的产品或服务而创业，创造财富，造福社会。从这点看，创业实际上是一种不断挑战自我的创新过程，正如现代管理学之父德鲁克所说，创业精神是一个创新过程，在这个过程中，新产品或服务机会被确认、被创造，最后被开发出来并创造新的财富。可见，企业家精神的本质是创新，创新就是将新的理念和设想通过新的产品、新的流程、新的市场，以及新的服务方式有效地渗入市场中，进而创造新的价值或财富的过程。缺乏创新动力就不会有新企业的诞生和小企业的成长壮大。所以创业本质上就是创新。

（3）创新带动创业，创业促进创新

创业是以创新为前提和基础的实践活动，创业是贯穿创新技术、产品等形成过程的载体。创业者首先确定创新的目标，再决定创业活动的资源配置、市场分析、投资融资等，进而实现创新创业过程的稳步进行。

（4）创新与创业的不同点

第一，创业者在创业过程中需要具备与时俱进的创新意识和未雨绸缪的大局意识，才有机会产生新的创新点和方案并将其付诸实践，取得成功。创业从某种程度上讲就是一种创新，创新的价值就在于将潜在的知识、技术和市场机会转化为现实生产力，实现社会财富增长，造福人类社会，而实现这种转化的根本途径就是创业。创业者可能不是创新者或发明家，但必须具备能发现潜在商业机会并敢于冒险的特质；创新者也并不一定是创业者或企业家，但科技创新成果则经由创业者推向市场，使其价值市场化，才能转化为现实生产力。

第二，创业推动新发明、新产品或新服务不断涌现，创造出新的市场需求，从而进一步推动和深化科技创新，提高企业或整个国家的创新能力，推动经济增长。

1.2 创新创业的基本要求

1.2.1 选择合法合理的组织形式

创业是一种高风险的活动，也是很多新兴事物得以广泛发展的动力平台，创业者需要掌握足够完备的法律规范。创业的开端是有组织法律形式构成，这是所有创业者最先遇到的法律问题。

组织法律形式是所有创业起步和发展的载体，它规定了创业者设立何种形式的组织。根据我国的《个体工商户条例》《中华人民共和国公司法》《中华人民共和国个人独资企业法》《中华人民共和国合伙企业法》等法律规定，创业者创业选择的组织形式主要有个体工商户、个人独资企业、合伙企业、有限责任公司等。创业者可以根据市场环境和需要、组织现状等来选择合理的组织形式。

1. 个人独资企业

个人独资企业是按照《中华人民共和国独资企业法》由一个自然人依法在中国境内投资设立的，财产为投资者个人所有，投资人以其个人财产对企业债务承担无限责任的经营实体。

个人独资企业的法律特征包括：

1）企业的投资人只能是一个自然人。

2）企业的全部财产归投资人个人所有。

3）投资人完全可以按照自己的计划和目标等去经营，韧性较大。

4）投资人对企业承担无限责任。

2. 合伙企业

合伙企业是指自然人、法人和其他组织依照《中华人民共和国合伙企业法》在中国境内设立的，由两个或两个以上的合伙人订立合伙协议，为经营共同事业，共同出资、合伙经营、共享收益、共担风险的营利性组织。

合伙企业的法律特征包括：

1）具有很高的不稳定性，容易成立，也容易解散。

2）合伙企业的经营活动由所有合伙人共同决定并执行，相互间有制约和监督的关系。

3）合伙企业在共同经营的同时，企业的整体对债权人承担无限责任。

4）企业的财产归合伙人所有，并由企业统一管理、分配和使用，未经过其他合伙人同意，不得以任何方式擅自挪用。

5）合伙企业在经营活动中产生、获取的资金和财产归合伙人共有，风险和企业损失等也由所有合伙人共同承担。

3. 有限责任公司

有限责任公司简称有限公司，是指根据《中华人民共和国登记管理条例》规定登记注册，由两个以上、五十个以下的股东共同出资，每个股东以其所认缴的出资额对公司承担有限责任，公司以其全部资产对其债务承担的经济组织。

有限责任公司的法律特征包括：

1）股东单纯按照出资额对公司承担责任。
2）股东有最高人数的限制。
3）不能公开募集股份，不能发行股票。

4．一人有限责任公司

一人有限责任公司是指由一名股东（自然人或法人）持有公司全部出资的有限责任公司。

一人有限责任公司的法律特征包括：

1）股东人数为一人，可以是法人，也可以是自然人。
2）股东对公司承担有限责任，以出资额为界定范围对公司的债务承担责任，公司独立承担全部财产责任。当公司财产不足够清偿债务，股东不承担连带责任。
3）一人公司不设置股东会，仅有一位投资人，法律未明确规定一人公司必须设立董事会、监事会等。

1.2.2 诚实守信

诚信是企业立业之本。首先个人要具备诚实的品德和境界，实事求是；其次人与人交往、商业合作应信守承诺，遵守契约精神，承担应有的责任。人无信不立，企业的良好信誉是由诚信的积累逐渐塑造起来的，是企业影响力最大的软实力，能帮助企业在竞争激烈的市场中建立信用良好的形象，较大程度降低企业与市场间的交易成本。

诚信在创新创业中的作用主要有：

1）显现自己的社会责任和使命。诚信自律是企业谋求更好、更稳定发展的基础，良好的交往、交易记录，是获取客户信任的重要砝码。
2）创新创业除了要求经济实力和前景广泛的项目两个方面外，表征诚信的产品质量、价格竞标、供销服务、售后服务等均成为企业在市场中立足的重要竞争要素。
3）诚信一方面展现了企业领导者为人处世的品德，另一方面也展现了企业的声誉和品牌，一个诚信的领导者往往是稳固企业品牌发展的基石。
4）企业的营销活动离不开以诚信为基准的宣传，从营销手段、方式、内容到受众、代言人等都必须按企业的商品功能、受用范围、价格等进行诚信、合理的营销，凡是虚假、假冒的商品都会使得消费者对企业产生信任危机，很难再获得"亡羊补牢"的机会。
5）企业的成功需要顾客对其进行客观评价，诚信经营是最佳、最实际保证客户资源的方式方法，在保留老客户资源的同时，又能不断扩大新的客户资源。

新时期的市场，利益至上的观念提高了假冒伪劣产品的出现率，虚假合同、虚假广告、虚假信息、空壳公司等现象层出不穷，造成信任危机，并使得创新创业的风险无形提升，对于刚刚创业起步的中小企业是很大的打击与挑战。

创新创业者诚信的培养应包括以下几方面：

（1）树立正确的价值观，诚信经营

把诚信作为社会主义核心价值观在个人层面的价值准则之一，是社会主义道德建设的重要内容，是构建社会主义和谐社会的重要纽带。创新创业者必须树立正确的价值观，切忌在利益的诱惑下，采用非正当、不诚信的手段牟取暴利。

（2）加强创新创业团队的诚信教育

一个企业的声誉和品牌的塑造，不仅需要团队成员自身提高诚信的道德素养，还需要对企业员工进行诚信的思想教育。目前，绝大部分企业对员工的教育内容只是针对业绩、销售额等方面，忽视了对员工进行道德修养和精神层面的教育培训。

（3）加强建设企业诚信文化

人是企业创立和发展的资本，高层次的专业人才是企业发展的重要动力和资源，用人、管人、育人、留人等方面有很多方式和方法，其中最关键的是创业者与企业内员工相互真诚对待。企业的诚信文化建设便是营造这一诚信企业氛围的主要手段，全体人员具备良好的道德观念和正确的价值观，时刻遵守诚信道德规范，能正确引导企业员工牢记诚信规则，这更有利于创业者管理企业员工，将企业的诚信文化更切实际地建设起来，打造具有强大市场竞争力的企业声誉和品牌。

1.2.3 判断决策

当今市场瞬息万变，企业经营决策面临巨大的挑战，适应市场变化、科学合理地决策将有助于帮助企业在市场中获得更大的竞争力。

1. 决策含义

决策是在若干方案中的选择和判断，这种选择通常是一个复杂的思维操作过程，是把信息收集、加工，最后做出判断、得出结论的过程，具有相当的不确定性。决策能力是决策者所具有的参与决策活动、进行方案优选的技能和本领，包含学习能力、思维能力、分析能力、决断能力、指挥能力、控制能力等多方面能力，对决策者来说是综合能力的体现和对市场变化及企业发展方向掌握并判断的考验。

2. 决策内容

（1）筹资决策

创业者开办企业需要一定的资金，资金的主要获取方式分为借贷和自有资本。不同类型的筹资方式和方法，伴随着不同的筹资成本、风险、可行性，需要团队对筹资渠道、负债能力、还款规划等进行详细评估，降低企业筹资成本和企业借款风险，保障创业所需的悉数资金供应。

（2）模式选择决策

选择单一个人经营、合伙经营还是其他形式的企业经营模式，是创业者需最先决策的内容之一。

（3）产品选择决策

产品选择决策就是对产品经营、开发、设计、包装和品牌经营及技术服务类型做出决策。

（4）市场推进决策

市场推进决策就是在激烈的同行市场的竞争中，保持和扩大自己的市场份额。其内容涉及广告媒体决策、渠道组合决策、促销方式决策、定价决策等。

（5）内部挖潜决策

内部挖潜决策就是对企业运行的活动和活动方式进行取舍和选择，减少浪费，提升效益。

（6）人事管理决策

人事管理决策就是对企业的招聘、培训、奖惩、授权等进行决策。

3. 决策的一般程序

（1）发现问题

要求创业者在调研和日常的经营管理中，发现问题，并及时对问题的性质特征、发展趋势进行分析，在分析的基础上，根据企业生产经营状况适时确定可行目标。

（2）科学预测

要求创业者在获得可靠信息的情况下，运用科学的理论和方法，对企业的未来发展状态和趋势做出预测，制定方案。要求创业者从多个方案中通过比较鉴别，综合出一个最佳方案。

（3）试验修正

要求创业者在局部范围内进行试验，根据试验情况对方案进行修正，以保证方案的准确、周密，然后再全面实行并健全反馈机制，密切注意追踪和监测实施的情况，结合实际对决策不断调整。

4. 创业者常见的决策误区

（1）决策的浪漫化

决策目标不明确，一味地按自己的思路、凭自己的心血来潮和一时兴趣决策。

（2）决策的模糊性

决策准备不充分，没有收集必要的决策信息，凭着灵感和直觉决策。

（3）决策的急躁化

决策没有规范的内容限定和程序限制，对企业的全局和发展没有事先的完整思考，经常是遇到危机时才匆匆应对，制定决策。

（4）没有长远的人才战略

这不仅是人事管理决策上的失误，而且是企业没有完整的决策体系框架的一种表现。

1.2.4 激励与沟通

员工是企业良好运行的中坚力量，对员工进行有效沟通、监督与激励非常重要。

1. 激励

在心理学中，激励是指通过科学的方法激发人们的动机，使外来刺激内化为自觉的行为。在创业学中，激励是指创造满足在职员工的行为，简单来说就是激发鼓励的意思。通过激励行为激发并维持在职员工的工作积极性，从而实现企业创造性。激励是调动员工积极性、主动性和创造性的有效方法，激励的方式因人而异，主要有以下几种：

1）物质激励。物质需要始终是人类的第一需要，是人们从事一切社会活动的基本动因。金钱及个人奖酬能使人们更加努力地工作，也能充分调动员工的积极性。作为创业管理者，在给予物质奖励的过程中应该做到：一是奖励公正，即严格按照奖励标准执行；二是奖励价值区别化，即应根据员工对企业的贡献大小来进行价值不同的奖励；三是反对平均主义，平均分配等于无激励，员工的物质奖励主要应根据个人业绩来发放，否则即便企业支付了奖金或奖品，对员工也不会有很大的激励。

2）目标激励。每个人都有自己的目标，管理者应该善于发现员工的目标需求，在工作中引导和帮助他们努力实现目标，让他们对工作产生强大的责任感，自觉地完成工作。

3)尊重激励。企业上下级之间的相互尊重能形成某种强大的精神力量,有助于企业员工之间和谐相处以及企业团队精神和凝聚力的形成。

4)参与激励。创造和提供机会让员工参与管理是调动他们积极性的有效方法。让员工参与管理形成其对企业的归属感、认同感,满足员工被尊重和自我价值实现的需要。

5)培训和发展机会激励。员工都希望通过培训充实自己的知识,所以提供进步发展的机会也是一种激励员工行之有效的方式。

6)荣誉和提升激励。荣誉是对个体或群体的崇高评价的提升,是对表现好、素质高的员工的一种肯定。这两种激励都能满足员工自尊需要,是激发员工进取的手段。

7)负激励。激励并不全是鼓励,也包括一些负面的激励措施,如淘汰、罚款、降职和开除激励。

2. 沟通

沟通是指通过一定的方式,获得他人的信任和支持,并达成自己所设定的目标。沟通的方式包括有形沟通和无形沟通两种。有形沟通即与人直接沟通,通过说、写、听、看、肢体语言等方式相互直接交流。无形沟通是指人与人不直接交流,而是通过其他的途径互相产生信任。

成功沟通者应具备的素质包括:

1)会表达。表达你内心的感受、感情、痛苦、想法和期望,但绝不是批评、责备、抱怨、攻击。

2)互相尊重。作为创新创业者,应该做到尊重劳动、尊重人才、尊重创造。拒绝恶言伤人,避免祸从口出。

3)有耐心。对于创新创业过程中碰到的人和事都应谦卑、忍耐、克制。

4)拥有从沟通中获取有用信息的智慧。

1.2.5 灵活应变

灵活应变是指创业者在市场竞争中的应变能力。创业者的应变能力是企业生存与发展的基本生命力。

创新创业者的灵活应变能力主要表现在:

1)对产品的应变能力,即随着市场需求的不断变化,调整自身产品的品种、规格、花色和质量等的能力。

2)市场营销的应变能力,即随着市场需求的变化而不断地调整自己的营销策略和方式的能力。

3) 管理的应变能力,即随着市场的变化调整经营管理制度、经营方向、用工用人制度等的能力。

创新创业者应变能力的大小决定了企业应变能力的强弱,它离不开创新创业者的胆识、智慧和谋略。正因为有创新创业者的胆识,企业才能面对复杂多变的市场,不断推陈出新。创新创业者的应变能力是使企业具有强大的竞争力和生命力的动力,是企业在激烈的市场竞争中取胜的法宝。

1.2.6 社会资源和社会责任

企业的社会关系直接影响创新创业的质量、生存和发展。企业作为一个复杂的经济体,主要是围绕投资者的利益进行相应的社交。社交的基本目的为创造更多价值,增加企业的运转利润,广泛的社交资源构成了复杂有效的社会关系,从而建立了股东、政府、消费者、社区等利益相关者的关系网,同时这也赋予了创新创业者和企业更多的社会责任。

1. 社会资源类型

社会资源包括有形资源和无形资源。

有形资源:包括人力(职员、顾问和志工等)、物力(设备、家具和用品等)、财力(私人捐献、政府补助和企业赞助等)、场地空间等。

无形资源:包括技术、知识、组织、社会关系等。

2. 企业发展所需社会资源的重要性

创新创业过程一是需要高层次的专业技术人员支持,二是需要社会资源。如果创新创业者们只掌握高端、先进的专业技术,却没有一定的社会资源,企业的竞争力和发展会受到一定的制约,甚至出现"事倍功半"的现象;如果企业在创新创业之初就掌握一定范围和数量的社会资源,将大大助力企业的发展。

3. 企业的社会责任

在我国法律规定和社会环境下,企业的社会责任大致包括以下几方面内容:

1) 企业对投资者或股东的社会责任。
2) 稳定市场供求的社会责任。
3) 遵守法律,依法纳税的社会责任。
4) 解决就业,创造诚信和谐、竞争机会平等的企业内部工作环境,调动员工工作积极性,丰富员工精神文化生活,让其能积极主动进行自我管理,自我调节相应工作模式,分享企业创造的利益。
5) 公共资源、设施、设备使用中所需承担的社会责任。
6) 对环境、资源利用的社会责任,要坚持可持续发展的原则。

7）在城市发展、社会慈善、公益事业等方面的社会责任，要推动社会稳定向前发展。

1.3　我国的四次创新创业浪潮

创新创业精神在我国并不缺乏，回顾改革开放的发展历程，我国经济已经经历了三次创业浪潮，现正处于第四次大规模的创新创业浪潮之中。

第一次创业浪潮起始于20世纪80年代改革开放初期。由于农村土地承包责任制带来大量农村劳动力，新增劳动力过剩，而城镇知识青年大规模返乡，使得城镇持续保持5%的高失业率。这一时期，普通的工作岗位不能满足大量失业者的需求，很多人为了生计开始探索创业的道路，与此同时，个体户驱动的乡镇企业和民营企业也异军突起，形成了我国最原始的第一次大众创业浪潮。

第二次创业浪潮起始于20世纪90年代初，持续至90年代中期。1992年邓小平南方谈话提出，不坚持社会主义，不改革开放，不发展经济，不改善人民生活，只能是死路一条。随后，在党的十四大会议上，全面确立了建设社会主义市场经济体制的改革目标，极大激发了广大人民群众的创新创业积极性，经商浪潮全面铺开。与第一批创业者相比，这批创业者主要是国企、科研院所和政府机构任职的知识分子，他们接受过良好的教育，能够更好地把握国家方针政策，掌握市场发展动态和方向，也更具探索和创新精神，开始学习借鉴欧美现代的企业管理模式。

第三次创业浪潮处于2000~2010年之间。这是一次互联网创业浪潮，20世纪末，受到纳斯达克市场波澜壮阔的财富效应和互联网技术进步的影响，国内外计算机专业的人士开始投入计算机创业的浪潮中。这批创业者大多数不具备足够的创业启动资金，资金的主要筹资方式是借助风险资本，于是成千上万的互联网创业就此开始。第一批成功的是新浪、搜狐、网易等门户网站，其次是阿里巴巴、腾讯、百度等互联网公司，再后面是一些主要以娱乐和生活为主导的互联网企业。这一次互联网创业的浪潮将我国逐渐发展成为世界第二大互联网市场。

第四次创业浪潮就在当下。2014年9月，李克强总理在第八届世界达沃斯经济论坛发表的讲话中发出"大众创业、万众创新"的号召，"大众创业、万众创新"是我国经济持续发展动力十足的"发动机"。

2002~2018年，我国25~34岁年龄段的青年为最活跃的创业人群。其创业动机大多表现为机会型，生存型的所占比例不高，大部分选择零售业为主的客户服务型行业，其中大部分是以开网店的形式，具备高附加值的创业比例偏低；其次创业较为活跃的是制造业和运输业。

《全球创业观察（GEM）2017/2018 中国报告》显示，2002~2017 年的 15 年中，低学历创业者比例逐步下降，高层次人才创业比例逐步提高，收入高的人群创业数量逐步增多。近几年，我国创业失败比例有下降趋势，同时由于创业者对自己创业能力认可程度的下降，创业者对失败恐惧的比例逐渐升高。这其中的主要原因是随着技术进步和社会发展，市场对高端技术的需求量增大，零售业等趋于饱和。

从第三次创业浪潮开始，我国创业活动质量逐步提高，但与 G20 经济体中的发达国家对比，还存在一定差距。2006 年，我国顾客认为创业企业提供的产品/服务是新颖的且企业在市场上没有或只有较少竞争对手的比例仅为 7%，2017 年这一比例增长到 27%，高技术创业比例相对更低，为 3%。虽然我国创业企业的创新能力有所提高，但无论是创新能力还是高技术创业比例，与 G20 经济体中的发达国家相比仍然落后，也低于 G20 经济体各国的平均水平。

我国的创业环境在不断改善。

有形基础设施、市场开放程度、社会文化规范等是创业环境中一直表现较好的三个方面。有形基础设施是我国创业环境中最好的一环。市场开放程度和社会文化规范也表现较好。金融支持是早期我国创业环境中较为薄弱的一环，随着天使投资和创业投资在我国逐渐活跃以及互联网金融和众筹等新形式融资渠道的出现，我国创业活动的金融支持开始改善，现已经呈现出较好的态势。

政府项目、商务环境、研发转移和教育与培训是表现较弱的方面。其中，中央和地方政府的创业政策表现较好，但其中涉及的高效行政、规范行政和政策优惠等表现有待改善。创业教育与培训尤其是中小学启蒙教育（鼓励、关注和指导）表现比较弱。研发转移的评分不高，研究成果和新技术商业化过程存在障碍，技术获取难，获取后转化速度慢。

1.4 安全工程专业学生创新创业的现状

安全是指客观事物的危险程度能够为人们普遍接受的状态，是指没有引起死亡、伤害、职业病或财产、设备的损坏或环境危害的条件，是指不因人、机、媒介的相互作用而导致系统损失、人员伤害、任务受影响或造成时间的损失。安全工程专业学生从工程伦理和职业道德角度来说，就是通过技术、管理、安全教育、个体防护、应急等方面的管控措施，使生产过程中的风险在可接受程度范围内。

安全工程专业学生的就业渠道相对于其他专业学生要窄一些，但是不影响这些学生通过积极地创新与努力地创业而去实现自我的人生价值。利用不同的方法鼓励和帮助学生积极创新创业，不仅承担了一种社会责任，还体现了社会主义和谐社会的优越性。

客观地讲，我国的"安全改革"虽然在有条不紊地开展，并且取得了阶段性的成功，但是由于我国人口基数较大，因此全面落实安全改革方案中的相关政策与措施，仍需要较长的时间。在这其中，如何帮助安全工程专业学生在学业完成之后成功实现创业，不仅关系这些莘莘学子的人生规划和职业生涯，在某种程度上来说也直接关系到安全改革措施的可持续性发展与延续。

调研和分析目前的实际情况，可以了解到对于刚刚走出校门的安全工程专业学生而言，创新创业的确有一定的难度，主要表现在：

其一，能力不足。安全工程专业毕业的学生，有着充沛的自主创新创业精神，而且在校期间，通过大学生创新创业实践计划或其他的类似活动，已经具有一些成果和经验。但要把理论成果产业化，不仅需要创新创业的精神，更需要持之以恒的付出以及需要及时把握一些稍纵即逝的机遇，这一点对很多学生来说是难以做到的。另外，毕业不久的学生在安全工程理论、技术及应用方面还存在一些不足，这也影响他们的创新创业活动。

其二，基层经验和工程实践能力不足。安全工程专业的毕业生，虽然在校期间接受了课程设计、毕业设计、认识实习、生产实习等实践环节的培养，也可能在教师的指导下到企业开展一些项目，但毕竟深入企业和基层的时间和深度都还很不够，对企业在安全方面的需求和国家在生产安全方面的政策规定不甚了解，因而存在基层经验和工程实践能力不足的问题。

当代大学生因为生活环境相对稳定，因此个人的创新创业激情和勇气是较为充足的，但是在耐性层面上就稍显欠缺了。而安全工程专业又是一个必须要求从业人员能静下心、沉住气来从事的行业，因此，鼓励学生进行创新创业，不仅仅是社会或者学校单一层面的问题，需要各方从不同的角度来通力配合完成这项任务。

第 2 章 创新创业成功的基本条件与保障

所有创业者都会确定既定的目标，制订并充分调动潜能去完成每步的计划。然而现实是创业成功的概率较低，大部分会半途而废。本章讨论创新创业成功需要具备的基本条件与保障，概括来说就是，创新创业成功除了创业者自身要具备必要的素养和能力，还要对社会环境、市场需求、时代潮流等息息相关的因素进行详尽的考虑。

2.1 创新创业成功的基本条件

2.1.1 创业者所需的企业家精神

企业家是"将经济资源从生产力和产业化较低的领域转移到较高的领域"者，不仅包括那些已经成功创业或正在创业的企业家，而且还包括那些具有创新创业精神的潜在企业家。企业家精神是企业家的本质。企业家是参与企业的组织和管理的具有企业家精神的人。企业家精神主要包括创新精神、冒险精神、诚信守法、果敢实干、红色文化精神和社会责任感。

1. 创新精神

企业家精神的本质就是创新，创新是企业持续发展的根本。创新概念最早由著名经济学家熊彼特提出，他认为创新是"企业家对生产要素的新组合"，也就是"建立一种新的生产函数"。具体来说，创新精神主要是指创造新的生产经营手段和方法、新的资源配置方式，以及新的符合消费者需求的产品和服务。在这种创新概念下，创新首先能使企业开辟一个更广阔的生存发展空间，不断领先，不断发展，使企业在发展中不断摒弃旧的方式，以非常规的方式配置企业的有效资源，推动企业的运行，从而获得巨大的成功。事实上，任何企业，不论其效益如何显著，或在行业中如何成绩斐然，都需要不断创新、变革，这样才能使企业在市场竞争中立于不败之地。美国苹果公司的发起人是企业家，因为他们推出了新产品；亨利·福特是企业家，因为他最早采用汽车生产线；亚马逊网上书店的老板是企业家，因为他开辟了网上销售渠道；比尔·盖茨也是企业家，因为他建立了微软公司。因此，具有锐意进取、积极推出新产品或改进生产方式等创新精神的人，才是真正意义上的企业家。

2. 冒险精神

企业家是风险承担者，他们实际上是在管理风险。工人向企业提供劳动力，企业主把产品推向市场销售。产品的市场价格是浮动的，而工人领取相对固定的工资。也就是说，企业承担了产品价格浮动的风险。当产品价格跌落时，企业主有可能蒙受损失；而企业的盈利正是企业主承担风险所获得的回报。

3. 诚信守法

诚信守法是企业家应具备的基本精神素质。诚信是市场经济的基本信条，只有诚信守法，注重声誉的企业和企业家，才能在激烈的市场竞争中获得最大的利益。

4. 果敢实干

企业家需要决断力、信心、说服力及坚定不移的品质。既然企业家行为是冒险性的、充满不确定性的，它的最终结果必然是无法准确估算的，所以时时需要进行思考和判断。而一旦做出某种判断，企业家就要坚决相信自己的判断，如果一遇挫折就打退堂鼓，那最终什么事也做不成。企业家仅仅对自身有信心还不够，他必须有能力说服别人相信他的判断，这样才能引来投资或别人的支持。企业家常常能够做出与众不同的判断，福特预见到50年后人人开汽车而不再坐马车，乔布斯预见到20年后人人使用计算机来学习和工作。他们用自己坚持不懈的努力把世界推向了他们预想的方向。

5. 红色文化精神

真正的创新创业人才不仅要具备坚定不移的理想信念，更需要具备开拓进取、艰苦卓绝、勇于创新的优良品德。红色文化是革命先辈凭着坚定的理想信念，用生命与汗水换取的宝贵精神财富，蕴含着百折不挠和求真务实的革命精神、团结一致的集体主义精神、开拓进取的创新精神，这些宝贵精神与创新创业人才所需要的毅力和品质如出一辙，将这些精神融入大学生创新创业活动中，既是对红色文化的传承又能够增强大学生创新创业能力，从而推动高校大学生创新创业工作。

6. 社会责任感

一般认为企业的社会责任就是，企业在创造利润、对股东利益负责的同时还要承担对员工、消费者、社区和环境的社会责任，包括遵守商业道德、保障生产安全、注重环境保护和劳动者职业健康、保护劳动者的合法权益、尽可能解决社会就业、支持慈善事业、支持社会公益事业和保护弱势群体等。

2.1.2 创新创业成功所需要的其他条件

1. 创业者的自身素养

分析创新创业人士成功的经历不难看出，创业者需要较高的素养、对事物敏锐的洞察力、对商机的判断力、把握市场动向的敏锐力、及时纠错的行动力、与时俱进的学习能力等，此外还需要具有较高的情商，具备一定的为人处世技巧和语言交涉能力，独特的人格魅力，专注、韧劲和激情，这些特质可以帮助创新创业者更好地组织管理企业和团队。

2. 优秀的合伙人

成功的创业者除了重视自身能力的培养外，寻求优秀的合伙人帮助创业企业更快地进入正常运营，也是创业成功的重要前提。一般来讲，与你同行的人比你要到达的方向更重要，在创新创业正式启动之前，如果可以找寻到志同道合的合伙人，涉及市场、产品、资源、风险、营销等方面，这样合伙人之间的能力能够互补平衡，对创业成功极为有利。

3. 良好的商业模式

随着经济全球化和我国社会经济的发展，市场的分工变得越发明确、清晰，也让各个行业都得到了快速的发展。而良好的商业模式能够帮助各个起步的企业提高市场竞争力，降低企业面临的市场风险，提升行业效率和盈利。

良好的商业模式在于实现持续长期盈利，并建立了企业自己的风险管控制度，根本在于提升了运营效率，降低交易成本。任何商业模式，如果不能达到这两点，就不可能是好的商业模式，也不可能长期存活下去。近些年，大学毕业生纷纷加入创新创业队伍，很多地方政府及高校也设立了各种创新创业大赛和创业引导基金，但实际情况不尽人意，大多数创业大赛变成了比拼PPT美观度和演讲能力的比赛，一开始"轰轰烈烈、激情万分"，最后大部分只是纸上谈兵，付诸行动者很少，创新创业成功的更是屈指可数。

4. 创新创业风险的评估

创业是风险很高的事情，盲目的投资不仅无法保障成功，对家庭也是极不负责任的做法。因此，聪明的创业者一定是善于风险隔离的，也就是说做好项目风险评估,提高风险意识并制定风险防范措施及风险应对方法是非常重要的。

5. 创新创业资源的利用

大学生创新创业,最缺乏的就是资源。当前遍地开花的孵化器、众创空间正成为创业者的综合资源库。这几年很多地区设立了这样的资源库,为创业企业提供基础场地、资金支持、资源对接、平台与技术、成长辅导等各类服务,为创新创业活动提供良好的平台和保障。

2.1.3 创业者要具备的素质和能力

创业者应具备良好的综合素质,主要是指一个人在政治、思想、作风、道德品质和知识、技能等方面,经过长期锻炼、学习所达到的一定水平。而对于创业者而言就是运用各种资源认识世界、改造世界、开展创新创业活动的能力。美国某研究机构对一些创业成功者与高层管理人员开展了针对性的调查,通过调查总结出创业者最重要的20项素质与能力,按重要程度排序见表2-1。

表2-1 创业者最重要的20项素质与能力内容

排 序	素质与能力内容	排 序	素质与能力内容
1	财务管理经验与能力	11	领导与管理能力
2	远见与洞察力	12	行业与技术知识
3	沟通与人际关系能力	13	对下属的培养与选择能力
4	激励下属的能力	14	与重要客户建立关系的能力
5	自我激励与自我突破能力	15	创造性
6	决策与计划能力	16	组织能力
7	市场营销能力	17	向下级授权的能力
8	人事管理能力	18	个人适应能力
9	建立各种关系的能力	19	工作效率与时间管理能力
10	建设良好的企业文化的能力	20	技术发展趋势预测能力

创新创业是复杂的、极具挑战性的系统工程,这项工程需要创新创业者具备比常人更高的能力和素质。创业者的高素质可以帮助其沉着、冷静地面对所遇到的困难,其中创新创业精神是第一动力和重要的精神支柱。除创新创业精神外,美国国家创业指导基金会(NFTE)的创办者史蒂夫·马若堤在他的著作《青年创业指南:建立和经营自己的企业》中指出,创业素质可以培养,其中12种素质是创业者需具备的,即:

1）适应能力——应付新情况的能力,并能创造性地找到解决问题的方法。
2）竞争性——愿意与其他人相互竞争,具有竞争意识。
3）自信——相信自己能完成计划中的事。
4）纪律——专注并坚持计划原则的能力。
5）动力——有努力工作实现个人目标的渴望。
6）诚实——讲实话并以诚待人。
7）组织——有能力安排好自己的工作,并使任务和信息条理化。
8）毅力——拒绝放弃,愿意明确目标,并努力实现,哪怕有障碍,也能坚决克服,最终达到目标。
9）说服力——劝服别人明白你的观点并使他们对你的观点感兴趣。
10）冒险——敢于挑战别人不敢挑战的事情,有勇气使自己面对失败。
11）理解——有倾听别人的声音并准确理解别人观点的能力。
12）视野——能够在努力工作实现目标时,看清最终目标并知道努力的方向。

以上对创新者也同样适用。

2.2 创新创业成功的保障

现代社会企业的整体运营涉及方面广、要素多,因而个人创业是相对困难的。创新创业的主体,既可以是个体,也可以是团队。目前来看,绝大部分成功的创新创业案例表明一个结构分明、分工合理的团队必不可少,这可以避免一个人的决策失误及个人能力在某些方面的缺失,能形成团队内成员能力之间的互补和资源共享,降低创新创业风险,使创新创业在健康稳定的轨道中运行。创新创业的成功离不开以下要点。

2.2.1 创新创业带头人的领导力

创新创业带头人是团队的核心,其领袖力对正确引领团队建设和发展起关键的作用。团队成员的能力需要具备互补的特点,如何将各个成员能力和特点完善与高效地发挥出来,这就需要团队带头人针对团队每个成员进行评估和权衡,协调成员之间的利益和矛盾,并创建团队和企业文化,不断激励创业团队为企业共同的发展目标一起努力和进步。

2.2.2 科学的创新创业理念

什么样的团队理念成就什么样的团队，创新创业领袖的先进观念决定了团队发展的科学理念，这对实现创新创业目标有重大影响。一个能够与时俱进、符合社会发展潮流的理念，可以提升整个团队的战斗力，决定团队创新创业的未来。

2.2.3 良好的团队发展模式

创新创业团队并非一开始就能考虑到所有因素的完善整体，而是在动态发展的过程中不断调整和完善的。创业团队在运营和发展过程中主要存在三种形式：第一种，创业者个人先行将企业成立，后招募团队成员，逐渐形成一个完整的团队；第二种，创业者先行选择合适的团队成员，在各方面要素都已经准备完善后再创建企业，这样会有利于企业较早地步入正轨，并不断吸纳新的团队成员；第三种，团队成员在企业的发展中吸纳成员和淘汰成员，最终难免会出现初始成员与新入行成员的思想理念产生矛盾。以上是当前三种最常见的团队模式，同时也有一些新老其他模式的存在。

团体发挥和产生的作用通常大于个人的作用，而一个创新创业团队能一直保持稳定的可能性却是极小的，其团队成员在最初创业的几年中流动性也会很高。毕竟耐得住寂寞并能承受生活压力之苦的创业群体少之又少，我国的创业者绝大部分是生存型创业，对基本生活水平的追求是他们创业的最大目的，因此，短期的利益对他们更具吸引力，真正能成长为对事业与理想追求的企业家的只是少数，而更多的创业者面临的情况则是企业还没有进入创业的成长期就已经夭折了。所以，企业成长过程中，团队的建立与发展始终是个动态变化的过程。

2.2.4 创新创业团队成功的关键要素

创新创业团队的形成不容易，同样，一个团队要走向成功就更不容易。要想创新创业成功，离不开以下一些关键要素。

1. 团队发展目标的科学性

创新创业团队发展目标的适合度与明晰性至关重要，这就涉及目标的科学性。目标的制订也是一个决策过程，需要民主、科学的决策。所以团队目标的研究制订需要团队成员共同参与。团队成员参与目标制订也有利于成员在执行的时候，既能站在战略的高度，从全局把握企业的发展方向，使目标的一致性与明晰性获得提高，又能深入实践操作的每个细节，有的放矢，确保每个细分的目标服从于总战略、总目标，按照总、分、合原则完成总体目标。

目标的制订要注意科学性、合理性。目标过高容易使人产生怠惰，目标过低很容易实现，又不能起到引导团队发展的作用。只有合适的目标才能激励团队不断进取，走向成功。

在具体目标制订的过程中，必须做到清晰明确，最好能量化、数字化，便于对目标实现情况进行测量、评估。细节把握程度越高，执行效果就越好；目标越明晰细致，员工才能理解得越透彻，才能保证团队上下对企业战略战术理解的一致性，从而形成团队发展的合力。

2. 团队的行业与技术经验

我国有句古话："男怕入错行，女怕嫁错郎"，这句话用在创业中一点也不过分。没有行业经验，创业者将面临极大的风险。一行有一行的规矩、有一行的从业规律，不了解行业特点而盲目行动只会招致损失或失败。无论企业的团队如何优秀，没有行业与技术经验，就只能缓慢地边干边学，摸索前进。

行业创新和技术支持是创新创业事业中的关键环节，对于专业型、技术型、知识型创业者更加重要。专业型创业者对于本专业、本行业的创业需要有一技之长，对其中某个方面有比较成熟或者将会有不错发展的创新点，某一技术上的领先优势都能成为创业的核心竞争力，放弃熟悉的技术与行业，则等于放弃了自己所有的优势来源，如人脉、平台等，自己拥有技术与经验的创新创业相比一切从头开始的创新创业而言，成功的可能性要大很多。

3. 团队形成整体合力

组建团队的目的是弥补创新创业带头人某些方面的不足，因此团队的整体性就显得十分重要。成功的创业者懂得如何根据商机与市场的不同而寻找所需要的人才。如果团队成员不能为团队带头人起到补充和平衡的作用，并且相互之间也不能互相协调，那么组建团队的必要性就值得考虑。实际上，一些经验不足的、拟加入创新创业团队的合作者，在决定是否加入团队时，更看重的是企业的规模及自己的职务、薪资、办公环境等，这样的团队从一开始就存在缺陷，在经营过程中遇到困难时，很容易陷入危机、混乱和冲突中。

因此，创业者在增加团队成员时，最好能聘请外部专业机构或者有经验的从业者提供些支持。如果团队带头人及现有团队成员的长处是掌握技术，那么就有必要补充营销及市场方面的专业人员；如果创业带头人各方面能力都较强，只是需要寻找助手，那么对补充成员人品的考查与能力的了解就相当重要，同时执行力必须很强。总体的原则是团队成员要能形成一个整体，并且相互之间的互补作用大于叠加作用。

4. 有无致命的不足

创新创业带头人若是一个以自我为中心的人,不能从善如流、虚心接受其他成员的意见和建议,这对团队发展来说是致命的不足。这种潜在的致命危机使发展中的新创企业遇到困难或意见发生分歧时很有可能很快"散伙"。另外,团队成员对权力的过度追求也是如此,人员与规模的增长会刺激权力追求者的控制欲,这一点需要特别注意。

作为创新创业带头人及骨干力量,要使所有人对创新创业事业充满信心。任何人才,不管其专业水平多么高、能力有多强,如果对所有成员及企业发展产生负面影响,那么这种消极的因素对创业团队很可能是致命的。

5. 建立良好的沟通渠道

对于创新创业企业来说,团队中的每位成员都是企业的核心和骨干,因此团队成员能否团结一致形成合力往往关系到企业的生死成败。创业团队只有善于沟通,团队成员之间才能够消除矛盾和隔阂,才能够团结起来不断发现问题、解决问题,不断成长,在激烈的市场竞争中克服困难脱颖而出。

管理离不开沟通,沟通已渗透于管理的各个方面。如果没有沟通的话,企业难以顺利发展。沟通时要注意以下几点:

(1) 沟通需要团队成员相互信任和支持

只有企业能够信任自己的员工,而员工也信任企业,团队才能保持旺盛的士气。

(2) 沟通必须自由和公开

要想达到恰当的效果,沟通还必须是自由和公开的。优秀的管理者总是会极力提供给所有团队成员相互沟通的渠道,每个员工都可以自由、公开、无拘无束地表达自己的想法、意愿和观点。即使在工作中出现了意见不一甚至立场对峙的情形,大家也都愿意并且能够心平气和地去努力寻求解决问题的办法,最终目的都是服从团队发展的大局。

(3) 沟通要处理好矛盾

企业运营中,创业合伙人之间可能存在矛盾,管理者成员之间或工作人员之间也会产生矛盾。良好的沟通可以很好地化解矛盾,沟通时需要注意以下几个方面:

1) 强调自我批评。矛盾是多方面原因引起的,要化解矛盾应该从自我批评开始,这样可以不将矛盾激化。当然强调自我批评不意味着没有原则地迁就对方。从某种意义上来说,自我批评也是一种以退为进的策略。

2) 强调回避退让。回避不等于逃避,而是为了防止矛盾激化,并在回避中等待解决矛盾的时机。当矛盾比较严重,并且很难一时解决时,为了不激化矛盾,应有意识地减少矛盾双方的接触,双方先冷静下来再考虑后续解决矛盾的方法和途径。

3) 强调求同存异。矛盾冲突的双方,暂时避开某些分歧,求大同、存小异,做到大事讲原则、小事讲风格,不但可以避免冲突的发生,而且还会避免或解除现有的矛盾冲突。

4) 强调模糊处理。在特定的条件下,对于一些无原则性的矛盾冲突,可以采取模糊处理的办法。模糊处理不是不问青红皂白,而是冲突本身无法分清谁是谁非。在这种情况下,冲突的双方均可能毫无道理,如果硬要分清是非对错,只会助长对立、激化矛盾。这时,模糊处理就是处理冲突的最好办法。

(4) 沟通方式要得当

应注意沟通的方式,在沟通前应该认真思考对方能够接受什么样的语言,什么样的方式,要选择对方能够接受的方式方法进行沟通,才能获得良好的沟通效果。

第 3 章　创新创业市场分析

3.1　市场细分

3.1.1　市场细分的概念

市场细分是美国市场学家温德尔·史密斯在 20 世纪 50 年代中期提出来的。所谓市场细分（Market Segmentation），是指企业根据顾客在需求特点、购买心理、购买行为等方面的明显差异，把整个市场划分为若干个有相似需要和欲望的消费者群的市场分类过程。每一个消费者群就是一个细分市场，每一个细分市场都是具有类似需求倾向的消费者构成的群体。在商品日趋同质化、市场竞争越来越激烈的情况下，有效的市场细分不仅是必然，也是必需的。创新创业企业资源的有限性决定了企业或产品只能锁定特定的市场。对于创业者要解决的问题是如何先于竞争者发现合适的细分市场。

进入细分市场的机会有很多，因为消费者的需求是多样化的，市场上的产品相应地呈现不断细分化的趋势。某类产品开始投入市场时，只是单一的品种，但是随着时间的推移，这类产品就可能细分为很多品种。例如，计算机起初只有大型机一个品种，但如今已细分为大型机、小型机、工作站、个人机、笔记本电脑等，不仅如此，就整个计算机行业而言，又有了硬件、软件、网络等之分，其中每一个细分类别又可能进一步进行细分。

对于安全生产行业而言，市场可细分为行政许可类市场（需要许可资质类项目，如安全评价、安全生产标准化评审、法定检测检验）和非行政许可类市场（如安全托管、安全隐患排查、HAZOP 分析、安全生产标准化咨询、安全信息化平台建设等）。

3.1.2 市场细分的原则

企业进行市场细分的目的是通过对顾客需求差异予以定位,来取得较大的经济效益。众所周知,产品的差异化必然导致生产成本和推销费用的相应增长,所以,企业必须在市场细分所得收益与市场细分所增成本之间做出权衡。由此,有效的市场细分必须遵循以下原则:

(1) 可衡量性

可衡量性是指用来细分市场的标准和变数,也是指细分后的市场是可以识别和衡量的,即有明显的区别和合理的范围。如果某些细分变数或购买者的需求和特点很难衡量,市场细分后无法界定、难以描述,那么市场细分就失去了意义。一般来说,一些带有客观性的变数,如年龄、性别、收入、地理位置、民族等,都易于确定,并且相关信息和统计数据也比较容易获得;而一些带有主观性的变数,如心理和性格方面的变数,就较难确定。

(2) 可进入性

可进入性是指企业能够进入所选定的市场部分,进行有效的促销和分销,实际上就是考虑营销活动的可行性:一是企业能够通过广告媒体把产品的信息传递给该市场众多的消费者,二是产品能通过一定的销售渠道抵达该市场。

在安全生产领域,政府通过公开招标投标,采购安全生产第三方机构对企业进行安全检查和隐患排查的服务,如果招标文件上没有明确要求安全生产第三方机构需要有安全评价资质,则符合招标文件要求的投标人均可参与投标进入该市场;反之,非评价机构就不能通过招标投标进入该市场。

(3) 可盈利性

可盈利性是指细分市场的规模要大到足够能使企业获利的程度,使企业值得为它设计一套营销规划方案,以便顺利地实现其营销目标,并且确认该市场有可拓展的潜力,以保证能按计划获得理想的经济效益和社会效益。

在安全生产技术服务行业,市场竞争激烈,技术服务价格偏低。要在保证质量的前提下完成工作并获取一定的利润,则需要企业从人员技术力量、专家队伍、工作效率等方面来努力降低成本,提高盈利率。

(4) 差异性

差异性即可区分性,是指细分市场在观念上能被区别并对不同的营销组合因素和方案有不同的反应。

(5) 相对稳定性

相对稳定性是指细分后的市场有一定时间稳定性。细分后的市场能否在一定时间内保持相对稳定,直接关系到企业生产营销的稳定性。

在安全生产创新创业方面,细分市场有较好的稳定性。这是因为不仅国家和政府重视安全生产工作,制定了安全生产工作方针,并发布了如《安全生产法》等法律法规,对安全生产工作提出了很高的要求,而且社会和企业对安全生产也越发重视,无论是安全生产技术还是安全生产管理咨询服务,在将来很长一段时间内,都是朝阳产业,有巨大的市场。

3.1.3 市场细分的程序

市场细分有利于企业,特别是让初创企业发现市场机会,提高市场占有率,找到自己的目标客户。市场细分是企业发现商机、发展市场的有力手段,初创企业通过市场细分可以发现某些被成熟企业忽略的商机和客户群,在竞争中生存发展。市场细分可以使企业用最少的资金取得最多的经济效益。市场细分的程序如下:

①调查阶段;②分析阶段;③细分阶段:细分消费者市场的基础;④地理细分:国家、地区、城市、农村、气候、地形、人口密度、交通运输、生产力布局、通信条件;⑤人口细分:年龄、性别、职业、收入、教育、家庭人口、家庭类型、家庭生命周期、国籍、民族、宗教、社会阶层;⑥心理细分:社会阶层、生活方式、个性、自我实现、自尊;⑦行为细分:时机、追求利益、使用者地位、产品使用率、忠诚程度、购买准备阶段、态度、偏爱程度、敏感因素(质量、价格、品牌)。

安全生产领域也可参照上述程序进行市场细分从而寻求商机。

3.1.4 市场细分的作用

细分市场不是根据产品品种、产品系列来进行的,而是从消费者的角度进行划分的,是根据市场细分的理论基础,即消费者的需求、动机、购买行为的多元性和差异性来划分的。市场细分对企业的生产、营销起着极其重要的作用。

1)有利于选择目标市场和制定市场营销策略。市场细分后的子市场比较具体,比较容易了解消费者的需求,新创企业可以根据自己的经营思想、发展方针及生产技术和营销力量确定自己的服务对象,即目标市场。针对较小的目标市场,可制定特殊的营销策略。同时,在细分的市场上,信息容易了解和反馈,一旦消费者的需求发生变化,企业可迅速改变营销策略,制定相应的对策,以适应市场需求的变化,提高企业的应变能力和竞争力。

2)有利于挖掘市场机会,开拓新市场。通过市场细分,可以对每一个细分市场的购买潜力、满足程度、竞争情况等进行分析对比，探索出有利于本企业的市场机会，使企业及时做出投产、异地销售决策或根据本企业的生产技术条件编制新产品开拓计划，进行必要的产品技术储备，掌握产品更新换代的主动权，开拓新市场，以更好适应市场的需要。

3) 有利于集中人力、物力投入目标市场。任何一个企业的资源、人力、物力、资金都是有限的。通过细分市场，选择适合的目标市场，企业可以集中人力、财力、物力及资源去争取局部市场上的优势，然后再占领自己的目标市场，形成经营上的规模效应，这一点对于初创企业意义重大。

4) 有利于企业提高经济效益。除上述三个方面外，企业通过市场细分后，可以面对自己的目标市场，推出适销对路的产品和服务，既能满足市场需要，又可增加企业的收入；产品适销对路可以加速商品流转，加大生产批量，降低企业的生产销售成本，提高生产工人和工程师的工作熟练程度，提高产品和服务质量，全面提高企业的经济效益。

3.1.5 市场细分的具体步骤

(1) **选定产品市场范围**

企业应明确自己在某行业中的产品市场范围，并以此作为制定市场开拓战略的依据。

(2) **分析潜在客户的需求**

可从地理、人口、心理等方面列出影响产品市场需求和客户购买行为的各项变数。对不同的潜在客户进行抽样调查并对所列出的需求变数进行评价，了解客户的共同需求和不同需求。

(3) **移去现在客户的共同需求**

这些共同需求很重要，但是不能作为市场细分的基础。

(4) **分市场暂时取名**

结合各分市场客户特点，暂时给分市场一个命名。

(5) **测量各分市场的大小**

进一步认识细分市场的特点，通过细分市场的再细分，寻找商机，测定潜在客户的数量。

(6) **制定相应的营销策略**

调查、分析、评估各细分市场，最终确定可进入的细分市场并制订相应的营销策略。

在评估各种不同的细分市场时，企业必须考虑三个因素：

一是对细分市场的投资与企业的目标和资源是否相一致。某些细分市场虽然有较大吸引力，但不符合企业长远目标，因此不得不放弃。或者如果企业在某个细分市场缺乏竞争力时，就应放弃该细分市场，不要形成"鸡肋"。

二是应考虑潜在的细分市场是否具有可持续发展特征，初创企业进入大的细分市场，必将遇到成熟企业的竞争压力，但如果细分市场的规模太小，利润以及销售的持久性不理想，这也是要考虑的问题。

三是必须考虑潜在的细分市场是否对企业有吸引力，风险是否太大，比如，细分市场内竞争的激烈程度、新参加的竞争者数量、替代产品的威胁、消费者以及供应商议价能力加强的威胁等。

3.1.6 目标市场模式

企业进行市场细分评估后，可考虑以下五种目标市场模式：

1. 密集单一市场

企业通过密集营销，更加了解该细分市场的需要，可在该细分市场建立巩固的市场地位。企业通过生产、销售和促销的专业化分工，可获得许多经济效益。如果细分市场补缺得当，企业的投资便可获得高回报。然而，要注意密集单一市场营销比一般情况风险更大，个别细分市场可能出现不景气的情况。例如，有些安全生产技术服务机构只在某一地级市甚至县级市这一单一市场"深耕细作"开展安全技术服务，形成当地安全生产领域的龙头企业，也能取得很好的经济效益和社会效益。但如果国家政策或行业要求发生变化，该机构的业务量可能会大幅下降。

2. 有选择的专门化

选择若干个细分市场，保证其中每个细分市场都有吸引力并符合企业要求。各细分市场之间很少有联系，然而每个细分市场都有可能盈利。这种细分市场目标优于密集单一细分市场目标，可以有效分散公司的经营风险。例如，有些安全生产领域的技术服务机构可能只从事和化工行业相关的技术服务工作，如为生产企业进行HAZOP分析、化工安全设计、化工企业本质安全诊断、安全管家等。

3. 产品专门化

企业集中生产一种产品并向各类顾客销售这种产品。通过这种战略，企业可在某个产品方面树立起很高的声誉。但如果产品被一种全新的技术所代替，企业就会发生危机。对于安全生产领域而言，很多技术服务机构专门提供安全生产信息化平台建设技术服务，也有的机构专门提供安全生产法律法规和技术规范标准目录及文本数据库的服务。

4. 市场专门化

企业专门为满足某个顾客群体的各种需要而提供服务，从而获得良好的声誉，并成为这个顾客群体所需各种新产品的销售代理商。但如果顾客突然削减预算经费，则就会产生危机。例如，有些安全技术第三方机构成立了安全评价部、安全标准化部、职业卫生部，就是根据不同的专业市场设立了相关部门，相当于"事业部制"。

5. 完全覆盖市场

完全覆盖市场模式是指一个企业想用各种产品满足各种顾客群体的需求，但一般只有大企业才能采用完全覆盖市场模式。这种市场模式主要有两种方法，即无差异营销或差异营销，借以达到覆盖整个市场的目的。

（1）无差异营销

无差异营销是指企业不是针对某个个别市场，而是面向各个子市场的集合，以一种形式在市场中拓展开来。企业可以不考虑细分市场间的区别，仅推出一种产品来追求整个市场。为此，它设计一种产品和制订一个营销计划来吸引多数购买者，凭借广泛的销售渠道和大规模的广告宣传，旨在人们的心目中为该产品树立一个超级印象。狭窄的产品线可以降低生产、存货和运输成本。无差异的广告方案则可缩减广告成本，而不进行细分市场的营销调研和计划工作，又可以降低营销调研和产品管理的成本，一般适合大型企业。例如，一些安全评价机构在各地级市设立分公司，并由当地分公司负责人通过自己的人脉和渠道拓展业务，取得非常好的效果，这属于无差异营销。

（2）差异营销

差异营销是指面对已经细分化的市场，从中选择若干个子市场作为目标市场，并分别向每个市场提供有针对性的活动。当企业决定同时经营几个细分市场，并为每个细分市场设计不同的产品时，差异营销一般要比无差异营销创造更大的总销售额。然而，差异营销也会增加经营的成本。例如，产品修改成本、生产成本、管理成本、存货成本、促销成本等。由于差异营销在使销售额增加的同时，也使得成本增加，因此事先不能预见盈利率。例如，有些安全生产咨询服务机构由于不具备安全评价资质，只能专注于开展一些安全检查、安全托管、双重预防机制建设等方面的业务，这属于差异营销。由于大部分企业需要开展安全评价工作，评价机构通过为企业提供安全评价服务可以获取更多的衍生服务，所以安全生产咨询服务机构与安全评价机构相比，在业务范围和业务量上来说处于劣势。

3.2 市场调研

市场调研就是以市场为对象，运用科学方法，有目的、有步骤、系统地收集、记录、整理有关市场信息和资料，分析市场情况，了解市场的现状及其发展趋势，为市场预测和营销决策提供客观可靠的资料和数据的过程。

市场调研对于创业者来说是明确方向、战略决策和计划制订的重要依据。没有系统客观的市场调研与预测，仅凭经验或不够全面的信息，就做出各种经营决策是不明智和非常危险的。

3.2.1 市场调研的重要性

在安全生产创新创业领域，一方面市场发展越加成熟，市场占有率的竞争越来越激烈；另一方面，国家和地方对企业安全生产工作的要求会发生变化，企业的需求也会发生变化。因此，只有在获取大量准确的市场信息的基础上，对创新创业项目的可行性进行分析，了解行业发展现状，进行准确的市场定位，才能在激烈的市场竞争中占有后发优势。

1. 有助于进一步分析创业项目的可行性

通过市场调研，对拟提供产品或服务的市场潜在需求、消费者情况、产品或服务的吸引力、市场竞争情况等信息会有一个大概的了解，以此进一步验证项目的可行性。通过对所需资源丰裕程度和获取难易度的调研，可以对项目运作的可能性做出判断；市场调研还可以对市场未来的发展趋势及消费习惯的变化进行预测，以此来判断项目的持久性。可以根据调研信息适当对计划做出调整，使团队能够更好地驾驭创新创业项目。

2. 有助于科学的市场定位

众所周知，每个创新创业项目都有所属的行业，了解行业信息，不仅要对行业的生命周期阶段、行业机会的大小有所了解，还要对行业竞争状况、行业的进入和退出壁垒等进行分析判断。此外，在市场调研中，重点要对消费者进行研究，据此可以更加明细分市场是什么，确定差异化优势，从而进行科学的市场定位。

3. 为企业经营决策提供客观依据

创新创业企业的任何经营决策都必须立足市场、了解内外部的环境信息，而要掌握信息，就必须进行市场调研，把握这些信息，可以对市场更加全面地了解，使新创企业的发展目标更加明确，便于调整创新创业项目价值实现的方式和途径，企业初创期的战略规划将会有据可循。

另外，也应该认识到市场调研局限性的存在，例如，并非所有信息都可以通过市场调研获得；仅仅根据市场调研进行决策时，可能会出现时间滞后情况；市场调研获得的信息并不一定都是真实可靠的，这些问题需要加以注意。

3.2.2 市场调研的原则

1. 实事求是原则

市场调研切记要避免人为的主观偏见，调研资料必须真实、客观地反映客观实际。有些调研结果可能和预期不太一致，比如市场需求可能达不到预期，在这种情况下，只要整个调研过程是客观科学的，就应该尊重事实，千万不要擅改数据，或者忽视信息传递出的风险信号。只有尊重客观规律、实事求是，调研才能得出客观的结论，才能依此做出正确的决策。

2. 科学系统原则

所谓科学系统原则就是指根据调研的目的，通过科学的方法系统全面地收集相关的市场信息和资料。由于市场复杂多变，如果在调研时不能全面考虑问题难免会本末倒置，事倍功半。同时，市场调研要在科学方法的指导下进行，这就要求从市场调研的设计到资料数据的收集，再到数据的分析、统计和处理等过程必须严格遵循科学的程序，系统全面地反映市场经济运行状况。

3. 经济节约原则

市场调研一般都具有范围较广、周期较长、投入人力较多的特点。创业前期，资金紧缺，所以必须要考虑经济预算，争取用较少的资金获得更多的客观资料。同样的调研内容，采用的调研手段不同，所需费用会有所差别。同样，在相等的费用支出条件下，不同的调研方案产生的调研效果也可能不同。

4. 时效性原则

时间就是金钱，效率就是效益。成功的市场调研应该及时捕捉市场上任何有价值的情报信息，及时分析，及时反馈，为经营策略的制定提供依据。

5. 保密性原则

市场调研所获得的信息和资料是十分宝贵的，这些有价值的信息蕴涵着某些商业机密，如果资料外泄会给创新创业活动带来意外风险；此外，要注意对被调研者提供的信息保密，不论被调研者提供了什么信息，也不论该信息的重要程度如何，都不能将其信息外漏，这也是履行最初对被调研者的承诺。

3.2.3 市场调研的特点

市场调研是指运用科学的方法系统地收集、记录、整理和分析一系列与企业经营相关的市场信息的过程，通过市场调研，可以了解市场发展变化的现状和趋势，为企业管理者制定、评估和改进营销决策提供科学的依据。市场调研有如下特点：

1. 系统性

市场调研作为一个系统，包括编制调研计划、设计调研、抽取样本、访问、收集资料、整理资料、分析资料和撰写分析报告等一系列活动。

2. 目的性

任何一种调研都应有明确的目的，并围绕目的进行具体的调查，提高预测和决策的科学性。

3. 社会性

市场调研的社会性体现在两方面：一是调研主体与调研对象具有社会性，调研的主体是具有丰富知识的专业人员，调研的对象是具有丰富内涵的企业及相关人员；二是市场调研内容具有社会性。

4. 科学性

市场调研的科学性体现在三方面：一是科学的方法，二是科学的技术手段，三是科学的分析结论。

5. 不稳定性

市场调研受各种因素影响，并且其中很多因素本身是不确定的，这导致市场调研结论可能不一致。

3.2.4 市场调研的内容

1. 市场环境调研

市场环境调研包括政治与法律环境及其变化的调研、经济和科技的发展调研、人口状况调研、社会时尚变化和竞争状况调研，以及最重要的行业现状与需求调研。在行业调研中，应该正确评价行业的基本特点、竞争状况、国家和政府的相关政策以及行业未来的发展趋势等内容。具体包括：

（1）政策法律环境调研

政策法律环境会对创新创业活动产生实际与潜在的影响，因此，对政策法律环境的调研是十分必要的。这项调研主要是针对现在和未来的国内、国际的政治态势和走向以及有关已出台或即将出台的方针、政策、法律法规、条例、规章制度等方面信息展开，它会对新创企业未来的经营状况产生重要的影响。在"大众创业，万众创新"的时代背景下，国家、政府、高校都给予大学生创新创业很多优惠政策，并且配备完善相关的软硬件设施，以提供更好的创新创调研法、询问调研法、观察调研法和实验调研法。

1. 文案调研法

文案调研法是指通过各种文献资料检索来获取与市场调研相关内容的调研方法。文献资料包括年鉴、报告、文件、报表、网络数据库等，文案调研属于间接采集资料，行业环境调研中的很多重要指标都可以利用文案调研法获得。

文案调研法有很多优点，收集比较容易，成本相对较低，实施方便、自由，尤其是互联网，已经成为文案调研方法的主要载体和途径。其缺点在于时效性差，间接采集的资料随着时间的推移和市场环境的变化，可能不能准确反映当前的市场环境。总的来说，文案调研是市场调研过程中短期获得初步信息的一种重要调研方法。

2. 抽样调研法

抽样调研法是根据概率统计的随机原则，从被研究对象的总体中抽出一部分个体作为样本进行分析、概括，以此推断整体特征的一种非全局性的调研方法。抽样调研法适用于那些数量庞大，难以进行全面调研的对象。

抽样调研法的特点是技术性强，这种方法实施的主要环节有两个：一是要注意抽样的客观性，避免存在人为主观因素；二是抽样要具有代表性，使样本的特征能较为充分地表现事物的总体特征。

3. 询问调研法

询问调研法又称直接调研法，是调研人员以询问为手段，从调研对象的回答中获得信息资料的一种方法。它是市场调研中最常用、最基本的调研方法。其形式比较多样，如入户访问调研、街头拦截式访问调研、问卷调研、网络调研、电话调研等。

（1）入户访问调研

调研人员按照抽样方案中的要求，到抽中的家庭或单位中，根据问卷或调研提纲进行面对面的直接访问。这种方式能够确保被访者在一个熟悉的、安全的环境中接受访谈。

入户访问调研的优点：①可以获取较多的信息和较高质量的数据，入户访问时间一般比较长，双方有充分的时间进行交流，问题的设计可以复杂一些，可以多一些开放式的问题；②灵活度高，可控性强，调研人员可以根据调研提纲灵活掌握问答的顺序和内容；③面对面交流时，调研人员可以进行细微的考察，观察被访者的态度、语气等，以此来判断被访者所提供资料的真实性和有效性。

入户访问调研的缺点：①耗时耗成本；②调研效果受调研人员影响较大，其专业素质、与人交往的能力、工作责任感等都会直接影响调研效果；③拒访率比较高，一般来说，绝大多数人出于安全等方面的顾虑都不愿意接受不速之客的来访。

（2）街头拦截式访问调研

此种方法相对简单，在街头、超市、写字楼、停车场、车站、学校等人员较为密集的场所均可进行这样的访问调研。

街头拦截式访问调研费用低于入户访问，这是其最大的优势，这是因为调研人员大部分时间用于访问本身，而不像入户访问那样需要长时间寻找被访者，从而提高了访问效率。拦截访问调研除了费用低以外，在直接面对被访者进行启发式调研上具有同入户访问调研一样的优势。其不足之处在于，拒访率较高，最好在进行调研时给予一些物质奖励，以争得更多被访者的支持与配合。

（3）问卷调研

问卷调研是市场调研采用的最为普遍的方法之一，它是以书面问卷的形式了解被调查对象的反应和看法，并以此获得相关信息的方法。问卷形式通常简单明了，无需调研人员就调研目标向被调研者做详细解释，而只需稍做说明，被调研者即可答卷，大大节省了调研时间，提高了调研效率。

按照问卷的媒介，常用的问卷调研形式有实地纸质问卷、网络问卷和信函问卷。随着互联网的普及，问卷调研可以通过互联网及其调研系统（如问卷星、微信平台等）把传统的调研、分析方法在线化和智能化，调研便捷，调研结果及统计数据往往能实时呈现。

4. 观察调研法

英国社会学家 C. A. Mosen 曾说："观察调研法可以说是科学研究的第一方法。"观察调研法就是研究者根据一定的调研目的、研究提纲或观察表，用自己的感官和辅助工具（如影像设备等）直接观察被研究对象，然后通过思考、比较、鉴别，从而获得资料的一种方法。

为了验证创新创业项目的可行性，也为了更好地洞悉市场，需要对市场环境和消费者行为进行细致观察，记录相关信息，获得调研资料。如对某一社区的社会环境进行调研，就可以通过观察该地区的企业数量、企业类型、街道状况、交通状况、人流量等来进行判断；对消费者行为进行调研，可以在超市入口处陈列新产品或商场推销的季节性商品，顾客走进超市时，多半会驻足观看甚至选购这些商品，可以利用这一机会，观察消费者对新产品或季节性产品的喜好和需求。

随着科学技术的发展，越来越多的先进仪器被逐渐应用到市场调研中，如摄像机、检测器等，借助这些仪器可以观察和记录被调研对象的行为，以提高调研的准确性。最常见的是利用扫描仪对商品条形码或二维码做记录，以了解消费者对某些商品促销活动的反应，以及对公司利润的影响。与其他几种调查方法相比，观察调研法具有自然、真实、客观、直接、及时的优点，但其缺点也比较明显，受时间、观察者自身以及观察深度的限制。

5. 实验调研法

实验调研法源于心理学，它是指市场调研者有目的、有意识地通过改变或控制一个或几个市场影响因素，来观察市场的变化规律，从而认识市场现象本质的一种实践活动。

实验调研法是一种具有实践性、动态性、综合性的直接调查方法，也是所有调研方法中最具科学技术含量的方法。它要求先设定一个实验环境，预设各种影响因素或条件，通过实验对比，对市场需求、市场环境或营销过程中的某些变量之间的关系及其变化进行分析，具有客观、实用、主动、可控、可重复等特点。

3.2.6 市场调研数据的处理

对于调研问卷，应尽量确保每份问卷都是有效问卷（所谓"有效"问卷指的是在调研过程中按照正确的方式执行完成的问卷）。问卷回收以后必须按照调研的要求，仔细地检查问卷。问卷的检查一般是指对回收问卷的完整性和访问质量的检查，目的是要确定哪些问卷可以接受，哪些问卷要作废。为了加强问卷的准确性，对经检查后接受的问卷还要进一步进行检查和校订。问卷校订后还要对问卷进行编码。编码是指对一个问题的不同答案进行分组和确定数字代码的过程。数据整理是对数据进行检查的最后一道程序，然后进入下一步，对数据进行统计处理分析，最终得到市场调研所需信息资料。

3.3 市场竞争

已经出现在市场上正在开展业务的竞争者，以及那些潜在的、未来有可能与本企业展开竞争的对手中，掌握相关资源、与目标市场有一定联系的企业是最重要的潜在竞争对手。

3.3.1 对竞争对手进行分析

1. 竞争对手的市场占有率分析

市场占有率通常用企业的销售量与市场的总体容量的比例来表示。对竞争对手市场占有率分析的目的是为了明确竞争对手及本企业在市场上所处的位置。分析市场占有率不但要分析在行业中竞争对手及本企业总体的市场占有率的状况，还要分析细分市场竞争对手的占有率状况。从安全生产领域来说，安全技术服务包括安全评价、安全生产标准化咨询服务、双重预防机制建设、安全托管、安全信息化平台建设、法定检测检验项目等，各个技术服务机构对细分市场的占有率及总的占有率都需要进行分析。

2. 竞争对手的创新能力分析

目前企业所处的市场环境是一个不断变化的动态环境，在这样的市场环境下，企业的竞争优势很快就会由于信息的扩散而消失。企业只有通过不断学习和创新，才能适应不断变化的市场环境，所以学习和创新成为企业的主要竞争能力。对竞争对手学习和创新能力的分析，可从其推出新产品的速度与销售渠道的创新着手。

3. 对竞争企业的掌门人进行分析

企业掌门人的风格和特质往往影响一个企业的文化和价值观，是企业成功的关键因素之一。一个富有冒险精神、勇于创新的掌门人，善于根据时代的发展和社会需求，对企业进行大刀阔斧的改革，千方百计为企业寻求新的经济增长点和企业成长机会；一个性格稳重的企业掌门人，会注重企业内涵的增长和企业内部潜力的挖掘。所以研究竞争对手企业的掌门人，对于掌握竞争对手的战略发展动向和工作重心有很大的帮助。

3.3.2 制定竞争策略

1. 跟随策略

市场跟随者不是盲目、被动地单纯追随领先者，它的首要思路是，发现和确定一个有利益空间的市场，并在不致引起竞争性报复的情况下，选择跟随。常见的跟随策略有：

（1）紧密跟随策略

这种策略的突出特点是"模仿"和"低调"，在细分市场、市场营销组合和企业经营范围中，尽可能仿效领先者或龙头企业。

(2) 距离跟随策略

这种策略的突出特点是适当地保持距离，在目标市场、产品创新与开发、价格水平和分销渠道等市场的主要方面都追随标杆企业，但仍保留自己的特色和优势。

(3) 选择跟随策略

这种策略的突出特点是选择追随和创新并举，在某些方面跟随主导者，而在另一些方面又别出心裁开发新产品、创造出新的销售渠道或服务等。

2. 补缺策略

市场中的空白点往往是由于现有企业无法顾及，或者是利润小而不愿涉足形成的，而这也正是许多创业者进入市场的切入点。作为市场补缺者进入市场一般不会引起同行的过多的关注，这样创新创业企业就可以充分利用自身特色和资源，并有足够的时间占领相应的市场，从而获得良好的经济效益和社会效益。

补缺策略要注意的问题是，一定要找到一个确实的市场空隙，这可以通过深度的市场细分做到，目标市场一定是需求未满足或未充分满足而竞争又小的区域。对于安全生产领域（行业）来说，创新创业团队能否开发出企业感兴趣的、有需要的项目是非常重要的。如高等院校的毕业生可以利用高校的专业优势和师资，为企业量身定做安全培训课程，提高企业安全管理人员和一线员工的安全知识和技能，还可以和高校、企业开展三方合作，开办学历提升班（专升本、自学考试培训等）。这个市场需求很大，不失为一个良好的商机。

市场补缺者寻找的理想市场空缺一般具有以下特征：

1) 该市场空缺须有足够的规模和购买力才有利可图。
2) 该市场空缺有成长与发展的潜力。
3) 该市场空缺对主要竞争者的利润并不重要。
4) 创业者进入后能有效地为该市场空缺提供服务。
5) 创业者可以通过确立技术和顾客信誉来防范主要竞争者的攻击。

3. 服务领先

创新创业企业资源有限，能力也可能不足，可以多做些文章的地方应该就是服务。做好服务的概念并不仅仅限于顾客购买之时，应该是涵盖企业经营与运作的全过程，包括售前、售中、售后所有的阶段。如果创业者能在人性化服务的基础上提供物超所值的商品或延伸服务，并能做到不断超越客户的期望，那么服务领先也就不是什么难事了。

做到服务领先要有两个基础：一个是学会倾听，要多听客户诉说；二是要善于引导，并且使顾客感到是真正在为他考虑。

3.3.3 市场竞争优势分析

市场竞争优势分析主要是指企业的资源分析，主要从自身资源和市场资源，包括效率、品质、创新能力、企业的价值链、核心竞争能力、企业内部特异能力等方面来进行。新创企业特别要重视以下两项能力的分析：

1. 核心能力分析

核心能力是指居于核心地位并能产生竞争优势的要素作用力。核心能力的评价标准和特点通常有：

1）可占用性程度比较低。主要是指企业竞争优势及已建立的专长被企业内部私人占有的程度比较低。

2）持久性好。企业的核心专长建立在各项资源之上，如建立在管理制度上而不是管理技术上，建立在产品设计与构思上而不是生产上，只有这样企业才会持久发展。

3）可转让性或模仿性比较低，也就是专长的可转移性和可复制性低。

核心能力对于竞争对手来说是很容易或很快地被模仿，从而拥有核心能力的企业相对其他竞争对手具有独特的优势。比如某省有一个甲级安全评价机构和十个乙级安全评价机构（现在已不分甲、乙级），那么这个甲级机构就具备核心竞争力。

2. 内部特异能力分析

核心竞争力只有在成为特异能力时才能成为竞争优势的基础，才能具有成为公司战略基石的潜力，可能为公司带来某种竞争优势及某种宝贵竞争价值的能力。如上述的甲级安全评价机构，虽然有核心竞争力，但对于其他非甲级安全评价机构而言，无非是有些评价项目不能承接。但假如该企业有武器装备科研生产许可安全技术服务保密资格，可以开展上述企业的安全评价、安全生产标准化评审和咨询服务项目，则可以大大拓宽市场，具有其他安全评价机构不具有的特异能力。

3.3.4 基本竞争策略

每个企业都有很多优势和一些劣势，对于竞争者优势和劣势的发现和辨别分析是企业确定竞争策略的前提。降低成本、实施产品或服务差异化可以使企业提高顾客价值和顾客满意度，可以使企业比竞争对手更好地应对各种竞争。

1. 总成本控制领先策略

总成本控制领先策略是指通过有效途径控制成本，并使企业的全部成本低于竞争对手的成本乃至行业最低成本，以获得同行业平均水平以上的利润，这种低成本可以抵御来自竞争对手的攻击、买方和供应商的威胁及替代品的威胁等。

2. 差异化策略

为使企业的产品与竞争对手的产品有明显的区别并形成与众不同的特点，必须采取差异化策略，这种策略的重点是创造被全行业和顾客都视为独有的产品和服务以及企业形象。实现差异化的途径多种多样，包括产品设计、品牌形象、保持技术及性能特点、分销网络、客户服务等多个方面。如在安全生产技术服务领域，面对一哄而上地帮助企业进行双重预防机制建设项目及安全生产标准化辅导的市场，可以独辟蹊径，邀请安全专业技术人员、电视台的编导，为企业编制生产安全事故应急预案演练的脚本，并组织开展事故预案的演练，并通过电视台进行直播或录播，既提升了企业应急能力，又提升了企业及安全技术服务机构在社会的影响力，这种差异化服务，企业非常乐意接受。

3. 集中策略

集中策略是指企业把营销的目标重点放在某一特定的顾客群体上，运用一定的营销策略为他们服务，建立企业的竞争优势及其市场地位。集中策略的核心是集中资源于特定服务对象，取得在局部市场上的竞争优势。集中策略可以是总成本领先，也可以是产品差异化或是二者的折中结合，这样可以使企业盈利的潜力超过行业的平均水平。例如，某安全技术服务机构中标某地化工园区的本质安全诊断项目，该机构可以组织本机构的精兵强将及大部分的检测仪器设备，集中一段时间突击完成该项工作，因速度快、质量高得到企业和政府职能部门的认可，一方面为该机构盈利，一方面也提升了企业在当地的影响力，助力该机构成为很多企业乃至政府认可的供应商，赢得了很多潜在的市场商机。

上述三种策略一般不能同时并用，一段时期内一般只能运用一种策略。总成本控制领先策略和差异化策略的市场范围宽泛，而集中策略的市场范围狭窄；总成本控制领先策略主要凭借成本优势进行竞争；差异化策略则强调被顾客认识的唯一性，通过与众不同的产品特色形成竞争优势；而集中策略强调市场的集约、目标和资源的集中，便于在较小的市场形成优势。

3.4 市场选择

创新创业企业在对市场细分后就要选择所要服务的目标市场,而在选择目标市场过程中应注重开展以下工作。

3.4.1 评估细分市场

细分市场对企业吸引力大小是企业进入与否的关键,这里所说吸引力并不是市场规模越大越好,而是企业成功概率与成功条件下获得的利润越大越好。

有些市场上的利润空间虽然很大,但是不具备企业成功条件,因此就不会进入细分市场。既要考虑市场的客观因素,也要考虑企业自己的主观条件。一般来说,必须考虑以下三个要素:

1. 细分市场的规模和增长潜力

考虑潜在的细分市场是否具有适度规模和发展特征。大企业大多重视销售量大的细分市场,往往忽视销售量小的细分市场,或者避免与之联系,认为不值得为之苦心经营。小企业应避免进入大的细分市场,因为过大则所需投入的资源太多,并且大的细分市场对大企业的吸引力也过于强烈。

2. 细分市场结构的吸引力

细分市场可能具备理想的规模和发展特征,然而从盈利的观点来看,它未必有吸引力。新创企业应对同业竞争者、潜在的或新参加的竞争者、替代产品、购买者和供应商这五个群体的长期盈利的影响情况进行评估。

3. 企业目标和资源

即使某个细分市场具有一定规模和发展特征,并且其组织结构也有吸引力,企业仍需将其本身的发展目标及资源与其所在细分市场的情况组合在一起考虑。某些细分市场虽然有较大吸引力,但若不符合企业长远目标,则可考虑放弃。例如,某地区化工企业很多,而安全评价机构较少,安全评价的市场相对比较大。但由于安全评价项目的风险很大,特别是化工企业可能更容易发生各类事故,安全评价机构可从长远发展角度考虑,主攻工业园区的风险评估,放弃这个地区针对企业的安全评价市场。

3.4.2 目标市场营销策略

通过细分市场评估,如果发现只有个别子市场对企业具有价值,则该企业别无选择。而在多数情况下，可目标化的子市场可能不止一个。企业可以根据具体条件选择目标市场营销。

1. 无差异性目标市场营销策略

无差异性目标市场营销策略是指企业面对整个市场，只提供一种产品，采用统一的营销策略吸引所有的顾客。采用此策略的企业把整个市场看作一个整体，不需要进行市场细分。

无差异性目标市场营销策略的最大优点是成本的经济性。大批量的生产必然降低单位产品成本，能节省大量的调研、产品开发、广告宣传、管理等费用，从而取得较佳的经济效益。缺点是市场适应性较差。市场环境是在变化的，随着消费者经济收入的提高，一种产品能长时间被所有消费者接受的情况是极少的。

2. 差异性目标市场营销策略

差异性目标市场营销策略是指企业对整体市场进行市场细分，根据企业的资源与营销实力，选择不同数目的细分市场作为自己的目标市场，为所选择的各目标市场设计不同的产品，采取不同的营销组合策略，满足不同目标顾客的需要。

差异性目标市场营销策略的最大优点是市场适应性强，能够有针对性地满足不同客户群体的消费需求，扩大市场范围，提高产品的竞争能力，增强市场经营抗风险能力。最大的不足是在推动销售额上升的同时也在推动成本的增加，企业的利润无法有效保证。

3. 集中性目标市场营销策略

集中性目标市场营销策略是指在市场细分的基础上，选择一个或少数几个细分市场作为企业的目标市场，经营一类产品，实施一套营销策略，集中企业的资源和实力为之服务，争取更大的市场份额。

集中性目标市场营销策略一般适用于中小企业或初创企业。这一策略的优点是能够发挥企业的资源优势，集中资源在小市场获得营销成功；不足之处是经营风险较大，一旦市场发生突然变化，会使企业陷入困境。

因此，企业在确定自己的市场营销策略时，一定要考虑自身实力、产品性质、市场性质这三个方面是否协调、同步，同时也要考虑竞争者的有关因素，包括竞争者的数量、主要竞争者的影响力、竞争者的生产能力和产量、竞争者的财务状况、竞争产品的质量和品位特征、竞争者的营销队伍水平、市场占有率等。

3.4.3 市场定位

1. 市场定位的概念

市场定位是在 20 世纪 70 年代由美国营销学家艾里斯和杰克特劳特提出的,其含义是指企业根据竞争者现有产品(在安全生产行业是指提供的技术服务)在市场上所处的位置,针对顾客对该类产品某些特征或属性的重视程度,强有力地塑造出此企业产品与众不同的、给人印象鲜明的个性或形象,并把这种形象生动地传递给客户,从而使该产品在市场上确定适当的位置。简而言之,市场定位就是在目标客户心目中树立产品独特的形象。

市场定位可分为对现有产品的再定位和对潜在产品的预定位。对现有产品的再定位可能导致产品名称、价格和包装的改变,但是这些外表变化的目的是为了保证产品在潜在消费者心目中留下值得购买的印象。对潜在产品的预定位要求营销必须从零开始,使产品特色确实符合所选择的目标市场。公司在进行市场定位时,一方面要了解竞争对手的产品具有何种特色,另一方面要研究消费者对该产品的各种属性的重视程度,然后根据这两方面进行分析,再确定本公司产品的特色和独特形象。市场定位就是要加深消费者对企业和产品的认知,使企业和产品能在消费者心目中抢占有利位置。

2. 市场定位的步骤

市场定位的关键是企业要设法在自己的产品上找出比竞争者更具有竞争优势的特性。竞争优势一般有两种基本类型:一是价格竞争优势,就是在同样的条件下比竞争者定出更低的价格,这就要求企业尽量降低单位成本;二是偏好竞争优势,即能提供确定的特色来满足客户的特定偏好。这就要求企业采取一切努力在产品特色上下功夫。因此,企业市场定位的全过程可以通过以下三大步骤来完成:

(1) 识别潜在竞争优势

通过系统地设计、搜索、调研分析竞争对手产品定位情况、目标市场上客户欲望满足程度以及切实需求情况、针对竞争者的市场定位和潜在客户的真正需要明确本企业的生产经营目标,企业就可以从中把握和确定自己的潜在竞争优势。

(2) 核心竞争优势定位

核心竞争优势表明企业能够胜过竞争对手的能力。这种能力既可以是现有的,也可以是潜在的。选择竞争优势实际上就是企业与竞争者各方面实力相比较的过程。比较的指标应是一个完整的体系,只有这样,才能准确地选择相对竞争优势。通常的方法是分析、比较企业与竞争者在经营管理、技术开发、采购、生产、市场营销、财务和产品等方面的强项或弱项,从而确定最适合本企业的优势项目,以初步确定企业在目标市场上所处位置。

(3) 战略制定

这一步骤的主要任务是企业要通过一系列的宣传促销活动,将其独特的竞争优势准确传播给客户,并在客户心目中留下深刻印象。

首先应使目标客户了解、知道、熟悉、认同、喜欢和偏爱此企业的市场定位,在客户心目中建立与该定位相一致的形象。

其次,企业通过各种努力强化在目标顾客心中的形象,保持目标顾客的了解,稳定目标顾客的态度和加深目标顾客的感情来巩固其与市场相一致的形象。

最后,企业应注意目标客户对其市场定位理解出现的偏差或由于企业市场定位宣传的失误而造成的目标客户模糊、混乱,要及时纠正与市场定位不一致的形象。企业的产品市场定位即使很恰当,但在下列情况下,还应考虑重新定位:

1) 竞争者推出的新产品定位于此企业原有产品附近,侵占了此企业原有产品的部分市场,使此企业原有产品的市场占有率下降。

2) 消费者的需求或偏好发生了变化,使此企业产品销售量骤减。

重新定位是指企业为已在某市场销售的产品重新确定某种形象,以改变消费者原有的认识,争取有利的市场地位的活动。

3. 市场定位的主要内容

1) 产品定位:侧重于产品实体定位质量成本、特征、性能、可靠性、实用性、款式等。

2) 企业定位:企业形象、品牌塑造、员工能力、知识、言表、可信度。

3) 竞争定位:确定企业相对于竞争者的市场位置。

4) 消费者定位:确定企业的目标顾客群。

另一种说法是产品定位,目标市场定位,竞争定位。

4. 企业或产品市场定位的几种策略

(1) 拾遗补缺的市场定位策略

创新创业者避开强有力的竞争对手,将产品定位在目标市场的空白部分或"空隙"部分。市场的空白部分指的是市场上尚未被竞争者发觉或占领的那部分需求。企业把产品定位于目标市场上的空白处,可以避开竞争,迅速在市场上站稳脚跟,并能在消费者或用户心目中迅速树立一种形象。这种定位方式风险较小,成功率较高,常常为多数企业所采用。

(2) 与之共存的市场定位策略

创业者将自己的产品定位在现有的竞争者的产品附近,力争与竞争者满足同一个目标市场部分,即服务于相近的顾客群,相互并存和对峙。采用这种策略,企业无须开发新产品,可以仿制现有的产品,免去了大量的开发费用。同时,因为现有的产品已经畅销于市场,企业也不必承担产品不为市场所接受的风险,这样企业可以在树立自己的品牌上多投入精力。企业决定采用此策略的前提是:首先,该市场的需求潜力还很大,还有很大的未被满足的需求,并足以吸纳新进入的产品;其次,企业推出的产品要有自己的特色,能与竞争产品媲美,只有这样才能立足于该市场。

(3) 针锋相对的市场定位策略

这是一种竞争性最强的目标市场定位策略。创业者这样定位是准备挑战现有的竞争者,力图从他们手中抢夺市场份额。选用这一策略,创业者必须做到"知己知彼",应该了解自己是否拥有比竞争者更多的资源和能力,是否可以比竞争对手做得更好。同时,应选择恰当的市场进入时机与地点,否则,取代竞争者的定位策略可能会成为一种非常危险的战术,而将新创企业引入歧途。当然,也有些创业者认为这是一种更能激发自己奋发向上的定位尝试,一旦成功,就能取得巨大的市场份额。

总体来说,市场定位是通过为本企业的产品(含服务)创立鲜明的特色和个性,从而塑造其独特的市场形象来实现的。新创企业在进行产品市场定位时,一方面要了解竞争对手的产品特色和个性,另一方面要研究顾客对产品各种属性的重视程度,即把客户和产品两方面联系起来,确定本企业产品的特色和形象,从而完善本企业产品的市场定位。

第4章　创新创业机遇

创新创业是创业者对自己拥有的资源或通过努力对能够拥有的资源进行优化整合，从而创造出更大经济价值或社会价值的过程。要想创业成功就要出奇制胜，发现别人未从事过的机会，因为即使是不起眼的小机会也可能成为大事业的开端。

4.1　创新创业机遇的概念、特征及来源

4.1.1　创新创业机遇的概念

商业机遇是在一定的经营环境条件下，通过一定的商业活动为企业创造利润和价值的市场需求。而创新创业机遇主要是指有利于创新创业的商业机遇，创业者不拘泥于当前资源条件，可以将不同的资源进行组合加以利用和开发并为客户提供有价值的产品和服务且获益的过程。

要注意创意与创新创业机遇是有很大区别的。创意只是一种思想、概念和想法，它不一定能满足机会的标准。许多企业失败并不是因为创业者没有努力工作，而是没有找到真正的创新创业机遇。

4.1.2　创新创业机遇的特征

1. 行业吸引力

虽然有形式各样的创新创业机遇，但只有被创业者捕捉并且确认有价值的机遇才能获得利润，也才会促进创新创业。

2. 时效性

创新创业机遇必须在机会之窗存在的期间被实施。所谓创新创业机会之窗

是指特定商机在市场中存在的时间跨度,也就是机会已经为市场所认可,市场规模开始快速扩张,直到基本上停止扩张的时间阶段。

3. 可行性

可行性特征包括是否有合理的利润回报率、较长的生命周期和可持续发展力、较少的制约和不可预知的干扰因素、较强的操作性和可控性等方面。

4. 具有创业资源

资源(人力、财力、物力、信息、时间)和能力是创业必需的,因此创新创业机遇要具备资源的特征。

5. 偶然性

创新创业机遇不会凸显在创业者面前,机遇的到来常常具有一定的偶然性,关键要去努力寻找。创业机会无处不在,关键在于寻找和识别,从不断变化的必然规律中找到机遇和把握机遇。创业者需要坚持不懈地寻找创新创业机遇,才能提高发现机遇的可能性。

4.1.3 创新创业机遇的来源

大量的创业研究和创业实践表明,技术以及市场和环境的变化是创新创业机遇的主要来源。

1. 技术机遇

技术机遇是指由于技术进步、技术突破带来的创新创业机遇,是指将新技术应用于生产的可能性。技术机遇分为两种:内含的,即现有技术规范的继续改进;外延的,即该技术应用于其他技术系统的可能性。当在某一领域出现了新的科技突破和技术,并且足以替代旧技术时,创业机会就会来临。

在创业实践中,实现技术突破的创业机会风险很大,持续时间也长(一项科学技术突破从出现到大规模投入生产,短则2~3年,长则10年)。

2. 工艺创新机遇

与技术突破相对应的工艺创新是技术融合,是指通过研究和运用新的生产技术、操作程序、方式方法和规则体系等,将不同领域的现有技术进行融合集成,形成新的工艺生产能力,以提高生产技术水平、产品质量和生产效率。

3. 技术扩散机遇

技术会在国家之间、地区之间和企业之间发生扩散,产生技术扩散有两个原因:一是存在技术势差,二是存在模仿学习者潜在利益的刺激。技术扩散可以包括技术贸易、技术转让、技术交流、技术传播等活动。当然并不是所有技术都能得到扩散,其中有些技术是禁止向外扩散的。创业者在本国家、本地区和本行业若率先采用了扩散技术,能够获得技术上的优势,则可发现创新创业机遇。

4. 技术引进和后续开发机遇

技术引进是新创企业获得外部先进技术的行为,技术引进的内容有引进制造技术(包括产品设计、工艺流程、材料配方、制造图样、工艺检测方法和维修保养等技术知识和资料)、聘请专家指导、委托培训人员等技术服务,引进成套设备、关键设备、检测设备等。通过技术引进能够弥补新创企业在技术方面的差距,提高技术水平,填补技术空缺,获得发展的良好机会。

5. 市场机遇

企业市场营销的前提是市场上存在尚未满足需求的市场机遇,这种机遇必须具有吸引力,要能给企业带来盈利,如果没有成功获得利润的可能性,不论有多大的吸引力都不能算是市场机遇。创新创业市场机遇是新创企业在某一市场中未涉及过的领域,或没有生产过的产品和没有进入过的市场,而这些领域、产品和市场可能是其他企业已经进入的,但对新创企业本身具有极大的吸引力且企业本身也具备进入并获取高利润的成功条件的机会。

6. 环境机遇

外部环境对创业者来说是可变的、不可控的,既包含创新创业发展的机遇,也有可能面临的挑战。创业者要善于发现和把握对自身有利的环境因素,积极利用环境机遇,规避创新创业风险。

4.2 创新创业机遇识别

创新创业机遇识别就是要借助职业判断和商业经验,通过调研了解特定机遇的方方面面,对拟创新创业的项目做出理性的分析与思考,进而判断特定机遇的商业前景。机遇识别是创新创业过程的起点,也是创新创业过程中一个重要的阶段。

机遇识别是指创新创业者识别机遇的过程,是整个创新创业过程的起始阶段。研究者们关于机遇识别的理解分为客观和主观两种观点。客观观点者认为,机会是客观存在于外部环境之中的,需要创业者去发现,其过程包括主动搜索和意外发现,而拥有高度警觉性并具有相关先验知识的人更容易识别机会。主观观点者认为,机会识别是主观的能动的创造过程,甚至机会识别本身就是创造性的。其实这两种观点并不矛盾,创新创业机遇既可以被发现也可以被创造,二者相辅相成、相互补充。

4.2.1 创新创业机遇的识别环节

创新创业机遇的识别环节主要包括以下内容：
1）具有创新创业意愿，创新创业意愿驱使创业者发现和识别市场机遇。
2）形成创意或者某种商业点子。
3）创新创业机遇信息的收集与整理。
4）创新创业机遇与创新创业环境的综合分析。
5）确定合适的创新创业机遇并进行分析。

4.2.2 创新创业机遇识别的影响因素

正确地识别和筛选创新创业机遇是创业者成功必备的重要素质之一。创新创业机遇识别的影响因素包括：创新创业愿望、先前经验、创新创业资本、创新思维、创新创业环境、认知能力与创新创业技能。

1. 创新创业愿望

创新创业愿望是创新创业的原动力，推动创业者去发现和识别市场机遇，多数创业者希望通过创新创业实现自己的价值，包括改变现状、成就一番事业等。创新创业愿望包括改变现行生活方式的愿望（因不满足现状而进行创新创业，期望通过创新创业来改变现有的生活方式）和自主创新创业的意愿。自主创新创业是创新创业的主流，2016 年年初，由清华大学中国创业研究中心与清华大学启迪创新研究院联合完成的全球创业观察（GEM）研究报告指出，全球创业的 2/3 是机会型创业，创业者因有更好的机会而选择。

2. 先前经验

严格地说，先前经验也是决定个人认知能力、创新创业技能的重要因素之一，因为大多数创业者的创新创业能力都是基于先前经验而不断成长的。考虑到该因素对创新创业机遇识别的影响程度较高，因此单独提出作为影响创新创业机遇识别的因素之一。而且，该因素还涉及一个非常重要的概念，即走廊原理：创业者一旦创立企业，就开始了一段旅程，在这段旅程中，通向创新创业机遇的"走廊"将变得清晰可见，也就是说，特定产业中的先前经验有助于创业者识别创新创业机遇。走廊原理强调经验和知识对个体发现和把握创新创业机遇的重要性，个体在特定领域的经验和知识储备越多，就越容易看到并把握住该领域内的创新创业机遇，从而实施创新创业活动。

3. 创新创业资本

创新创业资本是指创业者初创企业时前期的资本投入，包括创业者创业培训、场地租赁、店面装修、展示商品所需资金以及流动资金。这也是创业者各类社会关系资源价值的集中体现。创业者的社会关系网络包括政府、金融机构、高校、专业支持机构、商业合作伙伴、朋友、家庭、同事等。创新创业资本有两个来源,一是自筹资金,包括自己的储蓄或者向亲朋好友借贷所得资金;二是社会筹资,包括向银行等金融机构贷款,或者通过熟人或网络向非正式金融机构借贷,后者比前者利率高,风险更大。

4. 创新思维

创新思维是一种整合不同类型信息的认知思维方式,贯彻于整个机遇识别过程,创新思维的存在增大了机遇识别的可能性,而创新创业机遇的识别本质上是为了维持超额利润的行为,同时有学者认为机遇识别乃至整个创新创业行为是一种可行性技术创新的尝试。

5. 创新创业环境

环境的变化是创新创业机遇的重要来源,因此创新创业环境必定会对创新创业机遇的识别产生巨大影响。创新创业环境是指开展创新创业活动的范围和领域,是创业者所处的境遇和情况。它是对创业者创新创业思想的形成和创新创业活动的开展能够产生影响和发生作用的各种因素和条件的总和。

6. 认知能力与创新创业技能

很多人认为,成功的创业者的"第六感"比他人更灵敏,这种敏感能够帮助他们看到别人错过的机遇。事实上,这种优越能力最终取决于个人或者团队的认知能力与创新创业技能,其中包括创新创业者所积累的行业知识、创业经验等。一般来说,在特定领域经验丰富的人士,相对于外围人士来说,更加具有商业敏感度,而并非"当局者迷,旁观者清"。据国外机构的研究和调查显示,与创新创业机遇识别相关的能力主要有远见和洞察力、信息获取与分析能力、环境变化及技术发展趋势预测能力、模仿与创新能力、社会关系建立与维护能力、行业或者创新创业领域知识与经验储备能力等。

4.2.3 创新创业机遇识别的途径

1. 现有的市场机遇

对创新创业者而言,在现有市场中识别创新创业机遇是其应具备的能力。一方面可真实地感觉到市场机遇的存在;另一方面可以减少机遇的搜索成本,降低创新创业风险,有助于创新创业成功。

1)不完全竞争下的市场空隙。不完全竞争理论或不完全市场理论认为,企业之间或者产业内部的不完全竞争状态,导致市场存在各种现实需求,大企业不可能完全满足市场需求,必然使得中小企业具有市场空间,满足市场上不同的需求。大中小企业在竞争中共同存在,市场对产品差异化的需求是大中小企业并存的理由,细分市场以及系列化产品使得创新创业成为可能。

2) 规模经济下的市场空间。规模经济理论认为,各行业的企业都存在最佳规模或者最适度规模的问题,很有可能导致效率低下和管理成本的上升。产业不同,企业所需要的最佳规模也不同,企业从事的不同行业决定了企业的最佳规模,企业最终要适应这一规律,发展适合自身的产业。

3) 企业集群下的市场空缺。企业集群是指地方企业集群,是一组在地理上靠近的相互关联的公司,它们处在同一个产业领域、因为共性和互补性而联系在一起。集群内的中小企业彼此之间发展高效的竞争与合作关系,形成高度灵活专业的协作生产网络,具有极强的内在发展动力,依靠不竭的创新能力保持地方产业的竞争优势。

2. 潜在的市场机遇

潜在的市场机遇是那些隐藏在现有需求背后的未被满足的市场需求,不易被发现,识别难度大,往往蕴藏着极大的商机。

3. 衍生的市场机遇

衍生的市场机遇来自于社会分工的演进、经济活动的多样化和产业结构的调整等方面:①社会分工的演进为创新创业机遇提供了新空间;②经济活动的多样化为创新创业拓展了新途径;③产业结构的调整与企业改革为创新创业提供了新契机。

4.2.4 创新创业机遇识别的方法

创新创业机遇发现过程中灵感和创造力确实十分重要,但是创业者在实际发现和评价创新创业机遇过程中的艰苦努力和所采用的正确方法也同样不容忽视。识别创新创业机遇的方法有:

(1) 开展初级调查

通过与客户、供应商、销售商的交流了解正在发生什么以及将要发生什么。

(2) 注重二级调查

阅读他人的发现和出版的作品、利用互联网搜索数据、浏览包含所需信息的报纸文章等都是二级调查的形式。

(3) 通过系统分析发现机遇

实际上,绝大多数的机遇都可以通过系统分析得到。人们可以从企业的宏观环境(政治、法律、技术、人口等)和微观环境(顾客、竞争对手、供应商等）的变化中发现机遇。

（4）通过问题分析和客户建议发现机遇

问题分析从一开始就要找出个人或组织的需求和他们面临的问题，这些需求和问题可能很明确，也可能很含蓄。针对这些问题，有效并有回报的解决方法对创业者来说是识别机遇的基础。这个分析需要全面了解顾客的需求，以及可能用来满足这些需求的手段。

一个新的机遇可能会由客户识别出来，因为他们知道自己究竟需要什么。向客户征求想法也许就会为创新创业者提供机遇。客户的建议多种多样，最简单的，他们会提出一些诸如"如果那样的话不是会很好吗"这样的非正式建议，留意这些建议有助于发现创新创业机遇。

（5）通过创造获得机遇

这种方法在新技术行业中最为常见，它可能始于已经确定的市场需求，从而积极探索相应的新技术和新知识，也可能始于一项新技术发明，进而积极探索新技术的商业价值。通过创造获得机遇比其他任何方式的难度都大，风险也更高。同时，如果能够成功，其回报也更大。这种情况下所产生的创新在人类所具有重大影响的创新中，居于压倒性的主导地位。

4.3 创新创业机遇评价

成功完成机遇识别后，便进入机遇评价阶段。对创业者而言，市场机遇的评价类似于投资项目的评估，这对投资能否取得收益无疑是十分重要的，也能帮助创业者从另一个角度来分析机遇是否具有继续发展成为一个企业的实际价值。事实上，大约有60%~70%的创业计划在其最初阶段就被否决，就是因为这些计划不能满足创业投资者的评价准则。

4.3.1 创新创业机遇评价准则

1. 市场评估

（1）市场定位

一个好的创新创业机会，必然具有特定市场定位，专注于满足顾客需求，同时能为顾客带来增值的效果。因此评估创新创业机会时，可由市场定位是否明确、顾客需求分析是否清晰、顾客接触通道是否流畅、产品是否持续衍生等，来判断创新创业机会可能创造的市场价值。创新创业带给顾客的价值越高，创业成功的机会也会越大。

(2) 市场结构

创新创业机会的市场结构包括进入障碍、供货商、顾客、经销商的谈判力量、替代性竞争产品的威胁以及市场内部竞争的激烈程度等几个方面。通过对市场结构分析可以预判新创企业将来在市场中的地位，以及可能遭遇竞争对手反击的程度。

(3) 市场规模

市场规模大小及市场成长速度是影响新创企业成败的重要因素。一般而言，市场规模大者，进入障碍相对较低，市场竞争激烈程度也会有所下降。如果要进入的是一个十分成熟的市场，那么纵然市场规模很大，但由于其已经不再成长，利润空间必然很小，新创企业就要谨慎考虑是否进入；反之，一个正在成长中的市场，通常也会是一个充满商机的市场，应当选择恰当时机进入。

(4) 市场渗透力

市场渗透力是市场机会实现的过程，对于一个具有巨大市场潜力的创新创业机会，市场渗透力评估是一项非常重要的环节。聪明的创业者或团队会选择最佳时机进入市场，也就是市场需求即将大幅成长之际就做好随时接单的准备。

(5) 市场占有率

创新创业机会预期可取得的市场占有率目标可以显示新创公司未来的市场竞争力。一般而言，要成为市场的领导者，至少需要拥有 20% 以上的市场占有率，尤其是高新科技产业，必须拥有成为市场前几名的预期，才比较具有投资价值。

(6) 产品的成本结构

产品的成本结构也可以反映新创企业的前景是否广阔。例如，从原辅材料与人工及物流成本所占比重之高低、变动成本与固定成本的比重，以及经济规模产量大小，可以判断伴产品附加值及企业获利空间的大小。

2. 效益评估

效益评估包含以下几方面：达到损益平衡所需的时间、合理的税后净利、退出机制与策略、资本市场活力、策略性价值、毛利率、资本需求和投资回报率。

4.3.2 创新创业机遇评价因素

1. 潜在市场规模

某种产品或服务对大多数顾客具有很强的兴趣并产生市场需求。

2. 对顾客吸引力

为顾客或最终用户创造或者增加极大的价值；能够解决一项重大问题，或者满足某项重大需求或愿望。

3. 成长性

具有成长性的创新创业机遇是指创业者在创业阶段迸发出具有潜力的，具有可持续发展能力、能得到高投资回报的机遇。

4. 产品或服务盈利能力

一个良好的创新创业机遇要求创新创业者生产的产品和提供的服务要有较高的盈利能力。

4.3.3 创新创业机遇评价方法

1. 主观评价创新创业机遇

创新创业机遇主观评价的准确性与创业者的商业敏感程度息息相关。

具有较高商业敏感度的人具备以下共同特征：

1）较强的认知能力。
2）良好的人际关系。
3）自信乐观的心态。
4）创新精神。

2. 客观评价创新创业机遇

利用创业机遇评价标准体系，对创业机遇的要素进行打分或评判，相对客观地评价创业机遇。

（1）蒂蒙斯（Timmons）的创业机遇评价框架

蒂蒙斯创业机遇评价框架涉及行业和市场、经济因素、收获条件、竞争优势、管理团队、致命缺陷问题、个人标准、理想与现实的战略差异八个方面共53项二级指标，见表4-1。

表4-1 蒂蒙斯创业机遇评价框架

行业和市场	1. 市场容易识别，可以带来持续收入
	2. 顾客可以接受产品或服务，愿意为此付费
	3. 产品的附加值高
	4. 产品对市场份额的影响力高
	5. 即将开发的产品生命长久
	6. 项目所在的行业是新行业，竞争不完善
	7. 市场规模大，销售潜力约为1 000万元到10亿元

（续）

行业和市场	8. 市场成长率达到30%~50%，甚至更高
	9. 现有厂商的生产能力几乎完全饱和
	10. 在5年内能占据市场的领导地位，市场占有率达到20%以上
	11. 拥有低成本的供货商，具有成本优势
经济因素	12. 达到盈亏平衡点所需要的时间在1.5~2年
	13. 盈亏平衡点不会逐渐提高
	14. 投资回报率在25%以上
	15. 项目对资金的要求不是很大，能够获得融资
	16. 销售额的年增长率高于15%
	17. 有良好的先进流量，能占到销售额的20%~30%
	18. 能获得持久的毛利，毛利率达到40%以上
	19. 能获得持久的税后利润，税后利润率超过10%
	20. 资产集中程度低
	21. 运营资金不多，需求量是逐渐增加的
	22. 研究开发工作对资金的要求不高
收获条件	23. 项目带来的附加值具有较高的战略意义
	24. 存在现有的或可预料的退出方式
	25. 资本市场环境有利，可以实现资本的流动
竞争优势	26. 固定成本和可变成本低
	27. 对成本、价格和销售的控制较好
	28. 已经获得或可以获得对专利所有权的保护
	29. 竞争对手实力较弱
	30. 拥有专利或具有某种独占性
	31. 拥有发展良好的网络关系，容易获得合同
	32. 拥有杰出的关键人员和管理团队
管理团队	33. 创业者团队是一个优秀管理者的组合
	34. 行业和技术经验达到了本行业内的最高水平
	35. 管理团队的正直廉洁程度能达到最高水准
	36. 管理团队知道审视自身不足之处
致命缺陷问题	37. 不存在任何致命缺陷问题
个人标准	38. 个人目标与创业活动相符合
	39. 创业者可以做到在有限的风险下实现成功
	40. 创业者能接受薪水减少等损失
	41. 创业者渴望创业的生活方式，而非单纯为了获利

(续)

个人标准	42. 创业者可以承受适当的风险
	43. 创业者在压力状态下状态依然良好
理想与现实的战略差异	44. 理想与现实情况相吻合
	45. 管理团队已经是最好的
	46. 在客户服务管理方面有很好的服务理念
	47. 所创办的事业顺应时代潮流
	48. 所采取的技术具有突破性，不存在过多替代品或竞争对手
	49. 具备灵活的适应能力，能快速地进行取舍
	50. 始终在寻找新的机会
	51. 定价与市场领先者几乎持平
	52. 能够获得销售渠道，或已经拥有现成的网络
	53. 能够允许失败

（2）标准打分矩阵

标准打分矩阵是指先选择对创新创业机遇成功有重要影响的因素，然后请专家小组分别对这些因素进行打分，打分为最好（3分），好（2分），一般（1分）三个等级，最后求出每个因素在该创新创业机遇下的加权平均分，从而可以进行比较。表4-2列出了10项主要的评价因素及10个专家打分情况的举例。

表4-2 标准打分矩阵

评价因素	专家评分			
	最好（3分）	好（2分）	一般（1分）	加权平均分
易操作性	8	2	0	2.8
质量和易维护性	6	2	2	2.4
市场接受度	7	2	1	2.6
增加资本的能力	5	1	4	2.1
投资回报	6	3	1	2.5
专利权状况	9	1	0	2.9
市场大小	8	1	1	2.7
制造的简单性	7	2	1	2.6
广告潜力	6	2	2	2.4
成长潜力	9	1	0	2.9

上表中易操作性加权平均分=（3×8+2×2+1×0）=2.8分，其余因素加权平均分算法相同。

这种方法简单易懂，易操作。该方法主要用于不同创新创业机遇的对比评价，其量化结果可直接用于机遇的优劣排序。只用于一个创新创业机遇的评价时，可采用多人打分后进行加权平均。加权平均分越高，该创新创业机遇越可能成功。上述10个评价因素可根据加权平均分进行优劣排序。

（3）Baty 选择因素法

该方法可以看作是标准矩阵打分法的简化版。评价者通过对创新创业机会的认识和把握，按照前述蒂蒙斯创新创业机会评价体系的各项标准评价机会是否符合要求。

如果统计符合要求的指标数少于30个，说明该创新创业机会存在很大问题与风险；如果统计结果不少于30个，则说明该创新创业机会比较有潜力，值得探索与尝试。应用该方法时需要注意一点，如果机会存在"致命缺陷"，需要一票否决。致命缺陷通常是指法律法规禁止、需要的关键技术不具备、创业者不具备匹配该创新创业机会的基本资源等方面的系统风险。

（4）Hanan Potentionmeter 法

这种方法是通过让创业者填写针对不同因素的不同情况预先设定好权值的选项式问卷，来快捷地得到特定创新创业机遇的成功潜力指标。对于每个因素来说，不同选项的得分可以从-2分到+2分，通过对所有因素得分的加和得到最后的得分，总分越高说明特定创新创业机遇成功的潜力越高，只有那些最后得分高于15分的创新创业机遇才值得创业者进行下一步的策划，低于15分的都应该被淘汰。Hanan Potentionmeter 法的评价指标见表4-3。

表4-3 Hanan Potentionmeter 法的评价指标

因　素	得　分
对于税前投资回报率的贡献	
预期的年销售额	
生命周期中预期的成长阶段	
从创业到销售额高速增长的预期时间	
投资回收期	
占有领先者地位的潜力	
商业周期的影响	
为产品制定高价的潜力	
进入市场的难易程度	
市场试验的时间范围	
销售人员的要求	

(5) Westinghouse 法

Westinghouse 法实际上是计算和比较各个机会的优先级，公式如下：

机会优先级＝技术成功概率×商业成功概率×（价格－成本）×投资生命周期/总成本

4.3.4 对创新创业机遇的自我评价

对创新创业机遇的自我评价主要是从三个方面进行评价：

1) 个人经验层面：要考虑以前的经验是否能够支撑后续开发创新创业机遇所需的知识和技能。

2) 社会网络层面：要考虑自己身边认识、熟悉的人能否支撑后续开发机遇所必需的资源和其他因素。

3) 经济状况层面：要重点考虑的是能否承受从事创业活动所带来的机遇成本。

4.4 创新创业项目前景分析

4.4.1 创新创业项目前景与商机的关系

在科学技术迅速发展和信息化飞速前进带来激烈竞争的时代，创业活动已经成为创新发展的动力。《全球创业观察（GEM）2018/2019 中国报告》指出，中国创业环境的综合评价得分为 5.0 分，在 G20 经济体中排名第 6，处于靠前位置。与此同时，机会型创业（即为追求某个商业机会而从事的创业活动）的比重也在增加，但是新创企业存活率很低，根据调查，中国创业者创办的企业，能够存活 1 年的有 15%，能够持续存活 5 年的仅有 5%~10%。如何能够在如此高失败率的创业背景下成功创业？这就需要理解创新创业项目前景与商机的关系。

创新创业项目前景是指创业项目在发展过程中将会出现的预期。即根据现有的市场发展水平和经济环境，对未来的发展方向、发展水平和发展规模等的预测和推论，简单来说就是预测和评估该创新创业项目是否有潜力、发展潜力如何及是否能长期发展。有前景的项目最起码可以生存，立足于社会，不会被社会淘汰。项目是否盈利、盈利多少是衡量创新创业项目前景的指标之一，绝大多数创业者一般利用创新创业项目未来的盈利趋势判断创新创业项目前景。也就是说，能持续发展，长期盈利的项目就是有前景的项目。创业者应时刻保持"不忘初心，方得始终"的心态。"初心"是指有前景的创业项目的确是要盈利，但盈利的目的不是为了自己的生活更好，而是为了帮助更多的客户，为社会创造更多的价值，服务别人，帮助别人。"始终"是一种绵长的延续，创业者应努力使自己的创业项目青山常在、绿水长流。

商机是影响创新创业项目前景的关键因素之一。商机就像是可以撬动地球的支点，如果缺乏商机，项目就无法寻找到突破口。创业不仅要有足够的能力，更需要商机，譬如演员要有施展自己才能的舞台，才能展示自己、绽放光彩。如果没有商机，渊博的知识、精明的头脑都将无用武之地，也就无法获得一个令人满意的前景；如果没有商机，高超的能力、充足的条件，也只是"万事俱备、只欠东风"。正因为如此，当商机来临时，只有快速有力地抓住它，创业者才有更大的把握，进而赢得成功。

商机在很大程度上影响着创新创业项目的前景，但商机并不是决定创新创业项目前景的唯一因素。从一个企业的发展状况来看，严格的管理制度、合理的项目计划、协调的团队配合和专业的人员配置等都在不同情况下对创新创业项目的前景起着不同的影响和作用。但是，错失商机，美好的发展前景只能是空谈。

4.4.2 创新创业项目前景分析的作用

创新创业项目的前景分析是对项目的全方面评估，包括项目的可控制性、现有和潜在市场的规模、竞争者的数量、销售规模、竞争程度、客户数量、客户偏好、客户对价格变化的敏感程度、产品的成本因素、分销渠道等。狭义地说，如果从技术经济学的角度来看，可以将项目前景分析看作是项目可行性研究。

项目可行性研究是对项目在投资决策前运用作为一门综合性学科的技术经济学进行论证的活动。它是保证投资项目以最小的投入取得一定经济效益的科学方法，也是对拟建项目在技术上是否可能、在效益上是否有利、在发展上是否可行进行的全面论证的技术经济研究活动。对拟创新创业项目在做出决策之前，应全面论证项目的必要性、可能性、有效性和合理性，以避免和减少项目决策失误，提高创新创业项目投资的成效。

创新创业项目可行性研究是在投资决策前，对项目有关的社会、经济和技术等各方面情况进行详细调研，对各种不同的建设方案进行认真的技术经济分析与比较论证，对项目建成后的经济效益进行科学的预测和评价。在此基础上，综合研究建设项目创新技术的适用性、经济合理性和有效性，创新创业项目建设可能性和可行性，由此确定项目是否有投资价值及如何投资，使之进入项目开发建设和下一阶段的结论性意见。它为创业者对项目投资的最终决策提供了科学依据，并作为开展下一步工作的基础。

随着社会经济和科技的发展，技术更新速度加快、拟建项目增多、市场竞争加剧，项目规模越来越大，投资金额也越来越多，项目可行性研究日益受到社会各部门、各行业的重视并得到广泛应用。

项目可行性分析的重要性体现在以下几个方面：

1. 有助于规避盲目创业风险

当前，大量的创业者不断涌现，特别是一些青涩的大学生和职场新人，只凭勇气和理想的支撑进行盲目创业，而自身却缺乏职场经验、识人驭人以及与人沟通的能力、宠辱不惊的胸怀等创业者素质，其创业往往早早夭折。

正因为创业者的原始身份各种各样，素质参差不齐，以及创新创业项目没有目标性和创业者自身条件不够，大多数都不能很好地完成从学生身份、企业员工向公司创始人角色的过渡，最终导致创新创业活动失败。所以编制项目前景可行性分析报告能够帮助创业者认清眼前的现实，减少创业者决策的盲目性并尽量规避因创业者素质参差不齐而带来的潜在风险。

事实上，即使是有多年职场经验，同时具有丰富知识和行业积累的人，也不一定就能成为一名卓越的管理者。美国管理学家劳伦斯·彼得从大量失败案例中总结出一条规律："在一个等级制度中，每个雇员都倾向于上升到不能称职的地位。"每个人都会有自己不能胜任的层级和职位，因此，创业者也没有必要妄自菲薄，应振作精神，不断提升自身素质，增强风险意识，避免自己的项目走上歧途。

2. 有助于项目管理运行准备工作

一个项目的展开实施往往需要多方面的合作，人力、物力、财力的投入，各方分工明确而又沟通顺畅才能使项目合理运转。创新创业项目更是如此，并且在项目运行起来之后出现的问题难度系数会成倍增加，因而创业者对创新创业项目的准备工作就非常重要，在创办企业前需要考虑团队建设结构是否合理高效，资金是否充足，盈利模式是否清晰明确，项目运行多久才能开始盈利，总体目标以及阶段性目标，每个阶段计划是否都有可量化的衡量指标等诸多问题。

这些问题都是在创新创业之前需要考虑并需解决的实际问题，并直接关系到创新创业项目能否持续健康运行下去，防止项目开始之后因为缺乏必要条件而夭折。完成创新创业项目前景分析的过程就是一个帮助创业者理清思路，判断项目运行方向的过程。

3. 有助于进行市场定位

20世纪八九十年代我国出现了"下海潮",一些行业空白、竞争压力小、创业成本低等因素让部分下海创业者尝到甜头。而在经济发展飞速的今天,只有在稍纵即逝的市场环境中善于发现商业机遇且及时付诸行动的人才能成功。形势虽不断变化,但是创业需要紧跟市场需求这一点是永远不变的,这就需要创业者具有灵敏的商业嗅觉。

从一些市场中的细微现象能发现商机,但需进一步确定这是个别的商业现象还是可以形成刚性需求或者弹性需求的创新创业机遇。这需要通过各种渠道和方式去评估这种需求是否真实可靠,也就是说一个好的创新创业项目是基于一定范围的、真实的用户需要而产生的,而不仅仅是个别客户的需要产生的或者是创业者自己凭空猜测想象出来的。

4. 为创业者提供参考依据

市场环境纷繁复杂的情况下,创新创业失败的案例层出不穷,但如果前期进行调研分析,预测可能出现的各种情况和失误,就可以为创新创业决策提供有价值的参考。所以,在创新创业前期,花费一定的时间和精力,进行详尽的市场调查,并制作一份详细的基于真实的数据分析的创新创业项目前景分析报告是很有必要的,可以为创新创业活动提供参考依据。

4.4.3 预测创新创业项目的价值和潜力

1. 重视创新创业项目价值和潜力预测

"人无远虑必有近忧"。一个没有计划、没有预测、没有远见的创新创业项目将会存在一系列各种各样的问题,如开支严重超预算、汇款困难、市场不良、人工成本居高不下等。一个好的计划、预测,可以把相应的有利因素和不利因素转化为数字放入财务模型当中,并且利用估值、可能性分析、情景模拟、敏感性分析等手段,把潜在风险可能造成的影响计算出来,从而更好地指导创业者规避或控制风险。

风险投资是推动新型技术产业发展的重要力量,处于创新创业阶段的新型项目,一旦离开风险投资资金的支持,想进一步发展壮大几乎是不可能的。而处于创业期的新型项目,想要获得广大投资者的资金,就要获得他们的认可。广大投资者对新型项目的价值判断,一是依靠自身的职业判断,二是依靠对该项目的价值和潜力的预测。因此,项目预测对于一个处于创新创业阶段的新型项目来说更为重要。

2. 影响创新创业项目价值和潜力的因素

影响创新创业项目价值和潜力的因素主要分为内部因素和外部因素。前者主要包括创业者及其管理团队，后者主要包括技术环境、市场环境和政策环境。

（1）内部因素

1）创业者。创业者个人的素质水平是影响创新创业项目能否成功的关键因素之一。一个优秀的创业者要有良好的知识体系，见识广博，可以在分析各种因素利弊的基础上为项目做出正确的判断；应有独立思考的能力，自主性强、具有创造性思维，能够客观看待问题、善于分析问题和解决问题；应公正守法、信守合约，遵守公平交易准则；要有领导素质和影响力，以确保在创新创业企业发展过程中能高速有效地带领团队共同发展。

2）管理团队。管理团队的因素包括创新创业团队的总体能力以及团队成员的个人水平。具体来说，团队成员的教育背景、成员从事商业活动的资历和经验、生产技术人员的技术水平和创新能力以及团队内部的组织和协调能力等因素都有可能影响创新创业项目的价值和潜力。

（2）外部因素

1）技术环境。技术水平的变化是影响项目价值非常重要的环境因素，但技术发展变化也是很难预测的。技术的发展会极大影响项目的产品、市场、供销商用户量及竞争水平等；技术的进步可以拓展新的市场、生产更为优质的产品、缩小项目的成本、提高项目竞争地位。因此，创业者应对创新创业项目所涉及的技术发展趋势有一定的了解，并能够对其进行较为准确的预测。

2）市场环境。市场环境的分析具体包括潜在顾客的需求量及稳定性、市场份额、竞争情况、新产品代替率、市场进入障碍及有关法律法规对市场的影响等。

3）政策环境。政策环境主要是指法律法规、政府相关政策、制度等相关因素。法律法规、政府相关政策都会直接影响创新创业项目的价值和潜力。创业者应实时了解法律法规和政府的相关政策的变更，使创新创业项目能及时跟进最新的政策需求。

3. 预测创新创业项目价值和潜力的方法

对于一个创新创业项目来说，评估预测的方法多种多样，但有几个准则一定要遵守，具体如下：

1）经验因素。创新创业项目可行性最重要的判别要素可能是创业者的个性与先前经验。有先前经验的创业者常常在商机还在形成的过程中，就表现出了快速识别的能力。

2）项目的新颖性和可行性。创新创业项目不仅要在技术、产品甚至在管理和盈利模式方面具备新颖性，且必须在创新创业项目实施与投放市场方面具有可行性。

3）收益增长的巨大潜能。创新创业者能够确定一种产品或服务的显性市场、隐性市场和夹缝市场，这项产品或服务能满足一些重要客户群的需要，为客户提供增长额利益或工作需求；而产品或服务的生命周期必须长于投资收回时间，保证获取适当利润所需的时间；另外还要考虑潜在的回报及市场退出的可能性。

4.4.4　创新创业项目前景分析的方法和实施

一个创新创业项目需进行前景分析才能确定其存在的价值和意义。而前景分析则需要考虑很多因素，比如创新创业环境的市场分析、创新创业项目自身的竞争力分析等。

1. 市场分析

市场分析建立在大量占有市场信息的基础之上。这里的信息主要是指市场规模、市场潜力、市场定位等，这些都与创新创业项目的前景密切相关，因此，在市场分析之前必须掌握足够的市场信息资料。

（1）市场规模

调研目前国内外相关行业具有一定规模和知名度的企业的现状，如这些企业一年的销量、投入产出比、任务完成比、宣传与管理费用比例等，各项指标是否达到预期，市场运行状况是否正常。了解目前行业内企业主要涉及的领域，了解所从事行业目前的市场规模情况，以此来判断自己的创新创业项目还能从哪些新的领域涉足，项目具有哪些技术优势，决定创新创业项目最合适的初始规模。

（2）市场潜力

市场潜力太小会限制企业的发展规模，这对创新创业项目是一种阻碍，增加创新创业项目持续发展的难度。市场潜力分析要考虑两个方面：一是市场将存在的时间跨度，即创新创业项目的市场是否能够一直保持竞争性，是否会很快被其他技术、能源、服务所替代；二是市场规模随时间增长的速度，即考虑该创新创业项目的市场还有没有继续增长的空间，以此来判断市场是一块可以继续做大的蛋糕，还是说这块蛋糕已经做成，目前只能与他人瓜分这块蛋糕，而没有再发展的需要了。

(3) 市场定位

创业者在了解了目前的市场规模和市场发展潜力之后，需要对自己的创新创业项目进行市场定位。市场定位主要考虑以下几个方面：

1）目标市场的企业类型、客户数量、区域划分、经济状况及经济来源、城乡人口比例及经济状况，较富裕区域分布及人口比例。

2）主要竞争技术，竞争技术成果采用的营销模式及其特色、销量及优劣势（如广告投放量、产品定位、价格、促销、渠道等）。

3）消费者的消费习惯、心理特征、购买决定过程等。

4）销售渠道，包括技术实力、网络、信誉等。

(4) 用户满意度调查

1）用户需求调查。在商业领域，痛点（Need）、痒点（Want）、卖点（Demand）三个关键词是一切产品（服务）的策动点。如果一个产品（服务）的核心价值没有指向任何一个关键词，就很难获得真正意义上的成功。痛点（Need）就是用户在生活当中所担心的、需要的、不方便的问题。用户想要寻求解决问题的方法，以恢复正常生活状态。痒点（Want）就是用户一看到、一说到这个产品（服务），就会激起用户的内在需求。卖点（Demand）从卖家角度而言就是会让用户产生购买冲动的产品特色。

2）购买意向调查。通过对目标用户的调研或设计一些短小、简单、易答的问卷，了解用户对产品和服务的切实看法，以更好地满足他们的需求，同时可进一步了解产品和服务的前景。

2. 竞争力（SWOT）分析

SWOT 由 Strengths（优势）、Weaknesses（劣势）、Opportunities（潜在机会）、Threats（外部威胁/危机）四个英文单词的第一个字母组合而成。所谓 SWOT 分析也称为态势分析、知己知彼战略，就是将与研究对象密切相关的各种主要内部优势、劣势、潜在机会和外部威胁/危机，通过调查罗列出来，并依照一定的次序按矩阵形式排列起来，然后运用系统分析的思想，把各种因素相互匹配起来加以分析，从中得出一系列相应的结论或对策。SWOT 分析实际上是企业外部环境分析和企业内部要素分析的组合分析，也就是对创业者本身的竞争优势、竞争劣势以及外部的机会和威胁加以综合评估与分析并得出结论，以此来调整创新创业方面的相关策略，进而达成创新创业目标。

(1) 优势（S）

优势是指一个公司所特有的能提高公司竞争力的各方面因素，或者是指企业超越其竞争对手的能力。一个企业比另外一个企业更具有竞争优势，要看两个企业处在同一市场或是它们都有能力向同一顾客群体提供产品和服务时,谁能有更高的盈利率或者盈利潜力。竞争优势可以包括以下几个方面:

1) 有形资产优势:先进的生产流水线,热门的不动产地点,现代化车间和设备,自然资源储存丰富,充足的资金,完备的资料信息等。

2) 无形资产优势:优秀的企业品牌形象,良好的商业信用,积极向上的公司文化等。

3) 技术技能优势:拥有独特的技术,能够实现低成本生产,领先的创新能力,雄厚的技术实力,完善的产品和服务质量控制体系,富有成效的营销经验,上乘的客户服务,强大的大规模采购技能和服务能力等。

4) 人力资源优势:拥有具有良好的精神状态、很强的组织学习能力、丰富的经验和专业能力的积极上进的员工和管理团队等。

5) 组织体系优势:高效率的控制体系,完备的信息管理系统,忠实的客户群,强大的融资能力等。

6) 销售能力优势:产品开发周期短,强大的经销商网络,与供应商和用户关系良好,对市场变化反应灵敏,在市场份额中占主导地位等。

(2) 劣势(W)

劣势是指创业者和创新创业项目缺少或欠缺的因素,或者是指某种会使创新创业项目处于被动地位或劣势的条件。可能导致劣势的因素有以下几点:

1) 缺乏具有竞争意义的技能技术与相关经验。

2) 缺乏相应资金,资金流动不通畅。

3) 缺乏有竞争力的人力资源和组织资产。

4) 关键领域里的竞争能力正在丧失。

(3) 潜在机会(O)

潜在机会是影响创新创业项目前景的重大因素。创业者不应轻易放弃每一个机会,要对每一个机会的成长和效益前景进行评估,并把握那些能与公司财务和组织资源匹配、使新创企业或项目获得最大竞争优势的机会。潜在的发展机会可能包括:

1) 市场尚未充分开发,潜在客户群体可能迅速增加。

2) 不断扩大的客户群或产品细分市场。

3) 市场进入壁垒降低,需求增长强劲。

4) 技能技术向新产品新业务转移,为更大客户群服务。

5) 获得并购竞争对手的能力。

6) 出现向其他地理区域扩张,扩大市场份额的机会。

(4) 外部威胁/危机（T）

外部威胁/危机是指在企业的外部环境中，某些对企业的盈利能力和市场地位构成威胁或带来危机的因素。创业者应当及时确认对企业未来利益的威胁和危机，做出正确的预测并采取相应的措施来遏制外部威胁和危机带来的影响。外部威胁/危机可能有以下几种：

1) 竞争对手增加，市场竞争加剧。
2) 各种替代品拉低了公司的销售额。
3) 市场需求减少，主要产品市场增长率下降。
4) 人口特征、社会消费方式的不利变动。
5) 汇率和外贸政策的不利变动。
6) 经济萧条和业务周期的冲击。

另外，安全生产行业还会受法律法规及国家、地方政策方面的影响，这也是一种来自外部的影响。创新创业者必须仔细关注安全行业的发展趋势和国家监管政策，以便及时调整本企业发展方向及工作重点，做到前瞻性预测。

4.5 安全生产领域创新创业的机遇与挑战

安全生产领域的创新创业分为技术咨询服务和安全产品开发两大类。

20世纪末以来，全球一体化发展使得经济全球化的进程进一步加快，在经济全球化的影响下，安全生产领域也迎来了新的发展机遇。近年来，我国经济持续增长，虽然增速由改革开放之后的高速增长转变为中速增长，但是经济形势仍较为乐观，特别是我国正在由投资拉动型 GDP 增长转变为内需拉动型 GDP 增长的转型期，工业化、信息化的建设发展，以及城镇化改革等都在进一步深化，所以安全生产领域发展的空间也很大。国民经济的持续发展，为安全生产领域（行业）的创新创业及发展提供了更大的市场空间。

4.5.1 安全生产领域（行业）创新创业的机遇

1. 创新创业活动全球化的浪潮

随着全球化进程的推进，全球各国都面临相似的挑战，面对这些挑战，全世界人民需要努力寻求合理应对的办法。创新创业国际间的交流及国外大量的理论研究成果和成功案例，为我国推动创新创业活动提供了宝贵的理论指导和实践指南。

2. 国家重视

改革开放至今，我国社会经济发展取得了举世瞩目的成就，与此同时，我国也开始面临工业化、城镇化进程中不可避免的世界性难题——生产安全事故高发。国际相关研究表明，当一个国家或地区年人均GDP在1000~3000美元时，该国家或地区处于生产安全事故的上升期，年人均GDP在3000~5000美元时是高发期，年人均GDP达到5000~8000美元时进入稳定期，年人均GDP超过1万美元后，生产安全事故总体呈现下降趋势。由此看来，我国目前正处于生产安全事故的上升期，局部省份甚至处于高发期。近年来，党中央、国务院不断强调安全生产在国民经济发展中的重要性，要求全国各地政府、各部门深刻吸取教训，提出"以人为本、构建和谐社会"的安全生产理念，将安全生产作为"极端重要的任务"，切实加大工作力度，坚决遏制特大事故频发的势头。同时，国家从各方面不断加大在安全生产方面的资金投入，重视培养安全管理的专业人才。

3. 发展空间巨大

1）我国正在经历最大的城乡发展一体化和新型城镇化进程，拉动我国内需市场不断优化，未来的十年内，大批进入城市生活的务工人员一定会因为生活方式的改变带来新的消费方式，从而促进安全生产领域（行业）在内的多种领域（行业）的快速发展。

2）工业化的快速发展为安全生产领域（行业）创造了新的发展空间。如电子信息、汽车行业长期处在较快的发展阶段，为安全生产领域（行业）的进一步发展提供了新的市场机遇。

4.5.2 安全生产领域创新创业的挑战

1. 创新创业能力有待提升

我国传统安全产业内部创新动力不足，激励机制不到位，相关的创新知识储备和创新意识都相对不足，缺少尖端的研发设备和研发产品。

2. 对生产安全事故的追责及处罚让创业者畏难

随着《安全生产法》《刑法》《生产安全事故报告和调查处理条例》《安全评价检测检验机构管理办法》等法律法规的出台和修订，对生产安全事故责任追究呈现的"高压态势"让部分创业者"望而止步""踟蹰不前"，也有很多人抱有"宁可不挣这个钱，也不从事高风险安全行业"的思想。

3. 环保隐患压力大，行业形象阻碍行业发展

气废、液废和固废等大量排放，实施全过程监控的难度和阻力也较大，而且近年来，环保治理设施事故频发，导致大众的不满和不理解，严重影响和制约了安全行业的健康发展。

4. 我国生产企业的安全生产基础设施和意识还非常薄弱

从目前的数据来看，大多数的生产企业还是 20 世纪 60~80 年代建成的，普遍存在着企业规模小、工艺相对落后和自动化控制水平较低的特点，员工安全素养较低，"管生产必须管安全""管业务必须经营安全"的理念尚未形成，安全生产的基础设施和安全生产的意识都有待加强。

5. 国外的安全产品市场占有率较高

国外对安全生产领域的产品开发要远早于我国，无论是安全文化建设、职业安全健康管理体系建设，还是安全信息化系统、安全仪表系统、工艺包的开发及其他模拟软件的开发，以及防爆电气、可燃气体探测器等安全设施的研发，都远早于国内。在这样的市场较成熟、产品较成熟及系列化的环境下，安全生产领域（行业）的创新创业具有较大的难度，也更具有挑战性。

第 5 章　创新创业资源的挖掘与整合

5.1 创新创业资源概述

5.1.1 创新创业资源的内涵

1. 创新创业资源的概念

创新创业资源的定义可以分为广义和狭义两种。广义的创新创业资源是指依据存在或还未出现、有发展潜力即将被创业者利用的一切资源。狭义的创新创业资源是指新创企业在创造价值的过程中需要特定的有形和无形资产，这些资产组成了创新创业企业从创建到运营的前提条件，其主要表现形式为创新技术、创新知识、创新产品、创业人才、创业机会和创业管理等。

2. 创新创业资源的作用

获取创新创业资源的最主要目的是创业者通过资源的挖掘、整合、利用，争取得到创新创业机会、提高创新技术发展的水平、促进创新产品的市场营销和取得创业的成功。创新创业资源无论是直接资源还是间接资源，都会直接或间接对企业的生产和运营产生一定影响。

3. 创新创业资源的重要性

资源对创新创业成功的重要性，主要体现在以下几方面：

1）创新创业过程的基础是创新知识和新技术，驱动力是市场需求所提供的商业机会，核心是创业者及其团队，其成功的关键保障是创新创业资源。

2）在创新创业的创立阶段，最重要的是适合创业者条件的创新创业机会，当获取这样的契机、机会后，通过对某些行业的资源挖掘、整合出自身发展所需要的部分，融入创业体系中去，在不断适应、分析同类差距、改善、再适应的循环过程中达到资源、商机、人才之间利用的平衡。

3) 创新创业过程需要创业者或者团队之间对市场有足够多的了解, 把握好所掌握的所有资源, 及时进行综合分析, 及时抓住商机, 并对团队成员的分工有明确的安排。

4) 创新创业过程是各类元素、各种资源相互平衡的过程, 创业者和团队需要根据市场的变化及时做出精准判断, 对面临或即将面临的困难进行前瞻性的分析、探讨, 并提前考虑对策。

5) 创新创业资源重在挖掘和整合, 不能停留在只是把资源掌握在自己手中, 当资源的利用无法达到预期或无法获取资源时, 需要寻找其他渠道或者机会及时做出改变。

5.1.2 创新创业资源的类型

1. 按资源对企业发展的作用效果分类

按资源对企业发展的作用效果分类, 创新创业资源可分为直接资源和间接资源。直接资源包括财务资源、人才资源、市场资源和经营管理资源。间接资源包括政策资源、信息资源和科技资源。

2. 按资源的性质分类

按资源的性质分类, 创新创业资源可分为人力资源、财务资源、物质资源、技术资源和组织资源。对于刚起步的新创企业来说, 组织资源是其中较为薄弱的部分; 而人力资源是创业过程中最为关键的因素, 创业者及其团队的知识、能力、洞察力、经验及社会关系影响到整个创业过程的开始与成功。

3. 按资源的重要性分类

按资源的重要性分类, 创新创业资源可分为核心资源与非核心资源。

核心资源主要包括人力、科技和管理资源。人力资源是企业的知识财富, 是企业创新的源泉, 高素质人才的获取和开发是现代企业可持续发展的关键; 科技资源是一种积极的机会资源, 对于新创企业来说, 主动引进和寻找有商业价值的科技成果, 是企业的立身之本和市场竞争之源; 管理资源又可以理解为创业者资源。创业者的个人性格、对机遇的识别和把握、对其他资源的整合能力, 都将直接影响创业的成败。

非核心资源主要包括资金、场地和环境资源。如何有效地吸纳资金资源, 持续保持稳定的资金周转并实现预期盈利目标, 对创业成功与否非常关键。场地资源是指企业用于研发、生产、经营、办公的场所。良好的场地资源能够为企业有效降低运营成本, 提供便利的生产经营环境。环境资源作为一种外围资源也影响着企业的发展。创新创业环境是指那些与创业活动相关联的因素的集合，包括宏观环境、行业环境和微观环境。宏观环境又叫总体环境，是指那些给企业造成市场机会或环境威胁的主要社会力量，内容包括政治、经济、社会、技术、自然和法律等因素。行业环境包括行业的生命周期阶段、行业的进入与退出障碍、行业的需求及竞争状况、行业主导技术的发展趋势及行业的发展前景。微观环境是指企业的顾客、竞争者、营销渠道和有关公众等对企业营销活动有直接营销的各种因素。

4. 按资源的归属分类

按资源的归属分类，创新创业资源可分为内部资源和外部资源。

来自于内部积累的资源即内部资源，是创业者自身所拥有的可运用于创业的资源，例如，用于创业的自有资金、自有技术，自己所获得的创业机会的信息，自己建立的营销网络，自己掌握的物质资源或管理才能等，甚至有时候，发现创业机会是创业者所拥有的唯一创业资源。安全工程专业大学生掌握的安全科学理论、工程技术、专利等就属于内部资源，并且与其他非本专业毕业的安全生产领域（行业）的从业人员相比具有得天独厚的优势。

外部资源可以包括如朋友、亲戚、商业伙伴或其他投资，通过提供未来服务、机会等换取到的资源，包括可借得的设备、空间、生产用原材料或资金等，有些社会团体或政府资助的管理帮扶计划也属于该类资源。外部资源多来自于外部机会的发现，而外部机会的发现在创业初期起着决定性作用。一方面，企业的创新和成长一定会消耗大量资源；另一方面，企业自身还很弱小，不能实现资源自我积累和增值。安全工程专业大学生创新创业拥有一个好的外部资源，那就是自己的同学和校友。他们有的已经或将来在安全技术、安全管理、安全监管等工作岗位担任一定职务，这有助于创新创业商业信息的获取和市场的开拓。

对于创业者来说，对外部资源的有效利用是非常重要的，在企业的创立初期成长阶段尤其如此。其中的关键是企业具有资源的使用权并能影响或控制资源的部署。

5.2 挖掘安全工程行业创新创业资源

随着社会和国家对安全生产的重视，培养安全工程专业大学生的创新创业能力不仅是对教育部开展大学生创新创业训练计划工作的响应，也是适应社会发展的迫切需要。

5.2.1 概述

大学生创新创业训练计划是教育部关于高等学校教学质量工程建设的重要组成部分，也是高校进行创新创业教育人才培养的重要任务。为提升大学生创新创业的积极性与主动性，教育部在"十二五"期间启动了国家级大学生创新创业训练计划，各省、自治区、直辖市也纷纷启动了相应级别的大学生创新创业训练计划；《教育部关于做好"本科教学工程"国家级大学生创新创业训练计划实施工作的通知》（教高函〔2012〕5号）要求各高校提出以创新创业教育促进学生全面发展的培养目标。由此，提高大学生的创新创业能力以满足现今社会发展对专业人才的要求成为各级教育行政管理部门与各高等院校所共同关注的焦点。

1. 高校安全工程专业人才培养特色

安全科学与工程如今已发展成为独立的一级学科。随着社会公众对安全的日益关注，加之国家对安全生产的重视，安全工程专业在我国呈现高速发展的良好态势。安全科学研究的是科学和技术全方位整合的领域，不仅需要学习必要的安全技术与安全管理知识，还需要掌握多个行业的安全及生产方面的理论知识与工程实践能力。

2. 安全工程专业学生创新创业训练过程中存在的普遍问题

（1）学生自主选题比例较低

安全工程专业大学生创新创业训练项目主要有导师基于现有科研项目选题与学生自主选题两种形式，前者多为国家（市）等政府机构下达的纵向项目或校企合作的产学研用横向项目，学生自己提出创新创业训练项目或设想的比例不多，这种情况不利于锻炼学生运用安全科学理论和技术分析及解决生产安全实际问题的能力。

（2）学生积极性与主动性不高

在我国应试教育大背景下，学生自主学习、独立思考的能力不足；部分学生对通过创新创业训练提升创新创业能力的重要性认识不足；其次，不少创新创业训练的课题是导师科研项目中衍生而来的，这些课题大多偏重于理论研究、难度较大因而一定程度上削弱了学生进行创新创业训练的能动性与主动性。此外，因学校对学生进行心理指导和疏导工作存在不足，心理素质低的学生在创新创业实践实际训练中也会由于与团队成员关系不好、合作不协调、缺乏恒心而难以顺利完成创新实践计划。

(3) 创新创业训练效果不佳

部分高校安全工程专业开设了创新创业选修类课程，但学生对于创新创业训练认识不足、重视度不够。由于有上级教育部门或学校的资金支持，创业风险小且学分易得，所以一些学生不在意创新创业项目的后续发展，因而实践项目最终难以落地实现商业化，导致安全工程专业学生创新创业训练效果不佳。

5.2.2 创新创业资源的获取

1. 创业者

(1) 创业者关系网络

有文献认为，关系网络可能是小企业弥补稀缺资源的主要途径，能够增强企业获取资源的能力。例如，外部关系网络帮助企业找到新的资源源头；或许更重要的是，外部关系网络也是一个获取信息的渠道。

有关研究指出，创新创业关系网络分社会网络、支持性网络以及企业间网络三种类型。社会网络包括亲人、朋友以及熟人等；支持性网络由一些支持机构，如银行、政府以及非政府组织组成；企业间网络包括其他所有企业。

大学生创新创业的网络形式是比较单一的。大学生由于大部分的时间是在校学习，很少有机会接触社会，因此造成大学生的创新创业网络中几乎没有政府网络和企业间网络的存在。而大学生在校期间积累了一定的人力资本，因此大学生在创业之初主要依靠的网络类型是社会网络。政府对于大学生创业的政策支持，一般是具有一定支持性的网络，例如银行等金融机构会为他们提供相应的小额贷款等。因此，大学生的创业网络类型主要有两种，即社会网络和支持性网络。

(2) 创业者信息获取能力

信息获取能力是指创业者在社会生活或创业过程中捕捉、吸收和利用信息的一种潜在能力，包括信息的接收、捕捉、判断、选择、加工、传递、吸收、利用、收集与检索等能力。

创业需要资源，从广义来看，即从创业企业的内外部条件来看，创业资源包括创业者、人才、技术、资本、信息、市场、关系、营销甚至网络；从狭义来看，即从创业企业的内部条件来看，创业资源包括人力资源、财力资源、技术资源、信息资源等。

由于新创企业在资源获取过程中的信息不对称，信息资源作为一种特殊的战略性资源在新创企业资源获取过程中发挥重要的杠杆作用。因此，信息获取能力在相当程度上影响着创业者对其他创业关键资源的获取，直接影响并决定新创企业的创业绩效。

于晓宇等的实证研究表明,技术信息获取能够为新创企业提供外部参考,帮助企业识别创业失败,进而促进失败学习行为。同时,失败学习行为可以激发更多创新活动,提高组织创新绩效。例如,很多高科技新创企业为降低技术环境不确定性的影响,通过建立各类流程以获取丰富的外部技术信息。

2. 创业团队

新创企业把创意变成产品或服务,把产品或服务市场化、产业化是一个艰苦的过程,必须组建好一个富有凝聚力和创新精神的创业团队,这是获取各项创业资源的重要前提,也是创业成功的基本保障。

不管创业者在某个领域多么优秀,也不可能具备所有的知识和经营管理经验,而借助团队整体力量就可能拥有创业所需要的各种知识和经验,创业团队本身就是一项极为重要的创业资源。团队创业较个人创业能产生更好的绩效,其内在逻辑在于创业团队是一个特殊的群体,群体能够建立在各个成员不同的资源与能力基础之上,贡献并且整合差异化的知识、技能、能力、资金以及关系等各类资源,这些资源以及群体协作、集体创新、知识共享与共担风险产生的乘数效应,能够帮助新创企业更好地克服创新的风险和资源的约束。

此外,创业团队的价值观、对商机的识别能力、对资源的获取与整合、领导能力等,都是极其重要的资源,会为企业带来持久的竞争优势。

3. 政府政策

政府可以制定创业政策并通过多种途径和方式支持创新创业活动,例如,为创业者提供信息与管理咨询及专业化服务,开展创业教育与培训,增强创业意识,培养创业精神,提升创业技能,培育先进的创业文化;通过资金扶持、减免税费、财政补贴、社会保障、基础设施等从经费上予以支持;通过新闻媒介、教育机构等正面宣传,引导人们关注创业,改变对创业的态度;通过法律保障、公平的市场竞争环境、知识产权保护政策、小企业扶持政策等给创业者一个良好的外部环境。这些都是政府干预创业资源的市场配置,有利于创新创业资源的获取。

5.2.3 网络环境下大学生创新创业资源获取及其影响

日益严峻的就业形势使得越来越多的大学生将自主创业作为就业和实现人生价值的重要选择。但由于缺少必要的实践经验和创业资金,他们在创业过程中面临着各种困难。因此,营造良好的网络环境和创业文化氛围,为大学生群体搭建创业平台,对促进大学生群体顺利创业、提高创业成功率具有重要的现实意义。

1. 网络环境下适合大学生的创新创业资源

随着网络技术与互联网时代的发展，人们使用网络的习惯已经发生了显著变化，由过去浏览新闻、查看信息、收发邮件为主转向主要进行网络交易与网络买卖活动，网络已成为人们进行创业和获取资源的重要平台。目前，越来越多的人员加入网络创业中，对于创业的大学生来讲，如果能够清晰认识和找到适合自身的创业模式，获得数量可观的客户群的支持，就可以借助良好的网络环境获取更多更适合自己的创业资源，提高自身创业能力，更好地实现自身的价值和追求。从目前网络环境发展看，适合大学生的创新创业项目有以下几方面：

（1）借助良好的网络环境开设特色化店铺

网店是当前较为流行的一种网上创业项目。调查发现，开设网店的人员主要以青年群体为主，网店的优点在于投资成本较小，操作简单快捷，对大学生创业者具有很大的吸引力，同时拓展了消费者购买商品的选择空间，减少了中间环节，更容易使消费者购买到物美价廉的商品。网店经营者选择商品主要看长远利益。作为大学生创业者，一般选择经销日用消费品、服装鞋帽、电子类方面的商品，因为这些商品更加符合大众消费者的消费需求，而且是人们重复消费的日常用品，具有很强的经营生命力。在对网店的设计与商品的选择上，一定要紧紧抓住网上消费者的心理需求，网店设计要具有创新性，功能齐全，且具有一定规模的流量，这样才能使项目在市场推广中更具竞争力。

（2）借助网络资源建立个性化的网站

在我国网络发展初期诞生了一批各具特色的门户网站，但随着网络信息技术的发展和竞争的日益激烈，网络发展的初期阶段已经结束了，不会再出现像20世纪90年代末集中诞生了一批知名的门户网站的现象，对于势单力薄的个人创业者，这样的奇迹更不会发生。因此，要利用网络环境在个人网站领域有所建树，需要创业者适应时代发展需要，开拓创新创业思路，对个人网站市场进行认真调研分析，抓住个人网站市场的特点进行细分，寻找新的主题领域。要以专业化的眼光定位当前网民的心理与个性化需求，力争在同领域内捷足先登，这样才能提高自身的竞争力。在个人网站内容的设计安排上，要以原创性为主，具有个性化、专业化与唯一性，这样才能吸引更多网民点击浏览，提高个人网站的知名度，实现个人创业的目标。

（3）借助网络环境开发商业性网站

网络时代的到来，彻底颠覆了传统的创业模式，借助网络资源，可以使那些具有创业眼光和头脑的大学生群体实现个人奋斗目标与人生价值。在网络信息时代的网络环境下,年龄已不再是创业的最大障碍。纵观国内外,很多青年创业人员借助互联网资源,充分发挥自身的聪明才智取得创业的成功和显著的成就。在网络信息时代,互联网的生命力在于信息资源的海量、共享与便捷。对网站的目标客户即通常所说的访问者来说,网站制作得有特色,既专业又专一,便赢得了目标客户的关注。如果该网站的信息持续不断地保持特色并进行更新,就会对目标客户群产生强大的吸引力,网站的知名度也会不断提高。

2. 网络环境对大学生创业人员获取创新创业资源的影响

信息技术和互联网时代的来临,不仅对国民经济社会发展产生了重大影响,而且对大学生群体的创业意识和创业模式产生了深远影响,为大学生创业者拓宽创业资源获取渠道,提高创业技能和综合素质创造了良好条件。

(1) 网络时代为大学生获取创业资源提供了更多机遇

随着信息技术的快速发展与进步,互联网对人们的学习、工作、生活产生了深刻的影响,网络已成为人类生产、生活中密不可分的重要组成部分,并已深深嵌入经济社会发展的方方面面。网络以其自身的独特优势,解决了人们日常生活中的衣食住行游购娱等诸多问题,并创造了众多的创业岗位。特别是对青年群体来说,他们对网络信息技术具有很强的适应性,很多大学生除了借助开设网店、个人网站等形式创业外,还参与网络信息软件的开发、设计、研究等科技含量较高的工作。可见,网络的发展为大学生人才提供了数量可观的就业岗位。

(2) 网络环境为大学生获取创新创业资源提供了重要平台

当前,"互联网+"已成为经济发展的新常态,网络的发展对经济社会的深刻影响有目共睹,互联网平台的强大功能与整合力量对经济发展产生的影响已受到越来越多的个人和企业的重视,互联网经济已成为经济发展的新模式。在我国,互联网发展虽然起步较晚,但发展迅速。目前,我国已成为世界互联网网民数量最多的国家,网购人群总数达到近 4 亿人,网购市场发展潜力巨大,每年还在以惊人的速度增长、扩张。蓬勃发展的网络经济为那些致力于创业的青年人群提供了广阔的空间和平台,并为他们获取更多更有效的创业资源创造了良好条件。数据显示,近年来借助网络平台走上创业致富道路的青年人群数量呈现出明显的增长趋势。

(3) 网络环境为大学生群体创业降低了进入门槛

随着互联网技术的快速发展,网络经济日益活跃,网络营销平台的形式也日益多样化。大学生创业者在社会经验的积累、创业启动资金以及创业专业技能还不是十分完善的条件下,借助网络平台开放、包容、简便、快捷的特点进行创新创业实践，是一种理想的选择。

3. 新形势下提高大学生创业者获取资源与创业能力的对策及建议

大学生群体作为我国创新创业的重要力量，构建良好的网络关系，优化网络发展环境，提高大学生创业者的专业技能与综合能力，对激发大学生的创业积极性，提高创业成功率，以创业带动就业，缓解日益严峻的就业压力，促进经济社会健康发展具有积极作用。为此，要做好以下几方面工作：

（1）提高大学生创业者的综合素质与能力

在网络环境下，人与人之间的关系是建立在利益交换、彼此信任的基础上的，其中，创业者个人的道德水平、事业心、进取心、价值观等会影响其在网络中的受信任程度，创业者个人的知识水平、专业能力、综合素质、背景关系等会影响网络中其他人员对其的接纳程度。而上述这些方面对创业者来讲会直接影响创业资源的获取，进而对创业成功与否产生重要影响。因此，大学生创业者要与时俱进，适应网络时代发展要求，不断培养包括用户体验、大数据、免费模式在内的网络思维，进而提高自身的创业水平与综合能力。

（2）进一步优化大学生创业者的创新创业资源

在网络环境下，大学生创业者因主客观原因走上了创业的道路，但由于大学生社会实践经验较少，受到缺乏必要的创业启动资金、社会网络关系资源还不丰富等因素的制约，创业过程中会遇到一些问题。因此，有必要完善大学生创业者的创业资源，提高创业成功率。

1）激发青年创业者的创业动机，营造良好的社会氛围，对取得创业成功的先进典型，要大力宣传，并从物质精神方面给予鼓励表彰，增强他们创业的信心与自豪感，吸引更多的大学生加入创业的队伍。

2）加强对创业大学生的专业培训，教育引导他们辨别优质创业机会，把握创业机会和利用网络获取更多创业资源，同时要培养他们良好的创业心理素质，提高他们对市场变化的心理承受能力与随机应变能力。

3）重视大学生创业者初期创业资金的积累。作为大学生创业者，应当利用好网络资源和信息，拓宽自身的融资渠道，加快创业步伐。

（3）政府部门要充分发挥好政策扶持作用

在新的网络环境下，政府部门应适应新的发展形势，认真研究网络时代大学生创业者的创业意愿、创业需求、创业特点与动向，及时出台和调整网络环境发展的相关政策措施，实现支持大学生群体创新创业的常态化。建立科学高效的大学生创业扶持平台，建立创业动态信息分析机制，定期分析、预测网络环境对大学生创业机会的影响，为大学生创业者提供真实有效的信息数据资料。

同时，政府在规划安排地区产业布局的过程中，应创造良好的外部区域环境，放松行业壁垒的限制，为潜在创业者的进入提供宽松的空间环境。另外，政府部门应发挥组织引导作用，建立青年企业家协会等类似机构与组织，为大学生创业人员提供交流合作、构建关系网络的机会与平台。建立大学生创业信息交流中心，为他们提供第一手的创业信息来源。建立青年创业者专项发展基金，解决大学生创业人员创业经费的不足，加速由创业初期向创业正常发展期的转变。

（4）营造良好的支持大学生群体创业的社会环境

大学生创业者创新创业资源的获取及创业能力的提高，一方面需要自身的努力奋斗，另一方面也需要良好的社会环境。要在全社会倡导建立尊重创业者、宽容创业失败的良好氛围，不以成败论英雄。我国国民经济的健康发展需要大量的具有较高专业技能和文化素质的创业主体，但调查发现，当前高技术行业创业者约80%来自理工科大学生。由于专业学科课程设置还存在不合理地方，因而一定程度上妨碍了这些创业者在前期对创业相关知识的学习与相关能力的培养，因此，需要在各级教育层次上注重培养受教育对象的创新创业精神。

5.3 整合创新创业资源

5.3.1 创新创业资源整合的概念

所谓创新创业资源整合，是指寻找并有效利用各种创新创业资源的过程，并且这一过程应当具备两个基本特点：一是尽量多地发现有利的创新创业资源；二是以效率最高的方式来配置、开发和使用这些创新创业资源。

5.3.2 创新创业资源整合的意义

1. 个人整合能力为过程的顺利开展奠定基础

在整个创业工作开展的过程中，创业的主体也就是个人整体的走向有方向性的引导作用，主体正向的促进作用需要其有积极的态度和丰富的资源整合经验，与企业创业相比，个人创业则更多地依赖创业者的个人素质、行动力、领导风格、社会资源等个人因素。因此，能否带领创办的企业稳步提升，在复杂多变的市场竞争环境中生存下来，在很大程度上取决于创业者个人。只有创业者充分利用自身的才能、素质和资源嵌入创业环境的社会结构中，创业才可能成功。所以说，创新创业过程中核心人物的整合能力是创新创业准备中必不可少的重要因素。

2. 在复杂环境中整合力度大小是关键

企业的健康稳定发展不仅要求企业内部要高效运转,同时还会受到来自外部环境的威胁,但将企业整体创业和个人独立创业进行比较,很明显就能发现,个人的创业方式在市场中处于劣势地位。创业环境的好坏直接影响新创企业的生存时间,在经济持续向上的发展势头中,在国家政策的支持下,创业企业可以更快地走向成功,但是如果在行业技术停滞不前、经济萧条的背景下,新创企业则很难维持自身的生存。因此,创业者要应对复杂的外部创业环境,就要整合创新创业资源,以应对敏感的创新创业环境带来的创业风险。

3. 资源整合是对创业资源稀缺性的积极弥补

资源是新创企业存活和成长的生命之泉,但新创企业尚处于发展阶段,资源极其有限。因此,在这一形势下,新创企业需要重点关注如何从外部获取资源。对于成熟企业而言,具有明显的资源整合优势,包括资金、技术、人才、组织系统等方面的支撑,新创企业的资源约束相对较弱。而新创企业因为自身实力等原因在获取资源的过程中难以通过市场渠道获取,如通过银行借贷、资本市场融资的可能性都较小。创业面临着资金、技术、人才等各个方面的约束,有时创业者即使发现了极佳的创业机会,但在创业过程中往往因资源极度稀缺,而使创业效果大打折扣。面对创业资源的强约束,成功的创业往往展现出对稀缺资源进行创造性利用的高超智慧,能充分挖掘和善于利用社会网络交流,利用社会网络关系——包括顾客、投资人、供应商、顾问、员工等来获得或接近稀缺资源,对资源进行创造性利用。因此,只有创造性地整合和利用有限资源,创业者才能达到"无中生有"的效果。

4. 资源整合是对创业项目脆弱性的有力保障

由于企业创业具有明显机会识别优势和资源整合优势,并且具有一定的业务关系和社会形象,因此,创新创业项目抗风险能力较强,为创业的成功提供了较为稳定的保障。个人创业不仅在创业机会的信息通道方面较为狭窄,而且创业机会的识别经验不足,资源整合能力比较弱,要么资金短缺,要么技术不熟练,要么缺乏优秀的团队,组织系统也处于磨合期和调整期,并且缺乏一定的业务关系和社会形象。因此,新创企业的创新创业项目在市场竞争中往往很脆弱,抗风险能力也很弱,创业过程中如果遇到梗阻,就有可能把企业推向失败的边缘。因此,资源整合能够最大限度地利用创业者掌握的显性和隐性资源,为创新创业项目提供相比较而言更强有力的保障。

5. 资源整合是对创业目标短期性的机会调整

新创企业刚刚步入新的市场，其产品和服务还未得到顾客的认可，在短时期内难以建立自己的市场地位，难以获得市场的认可。创业是从头开始，而且未来充满着更加不确定的因素，需要因时制宜，根据实际情况随时调整发展方向，因而很难制定出一些长期的战略目标并组织实施，在短期内就是以生存为目标，谋求突破。面向生存的突围或生存空间的拓展，将一直是创业管理的首要问题。对新创企业而言，创业的重点是创新，创新的指向是生存。因此，为了在创业过程中能更好地把握目标的实现，主动创造或掌握机会，必须整合创业资源，使得创业过程能够在短期目标的实现过程中不断地做出有效调整。

5.3.3　创业资源整合的原则

从整体的视角出发，宏观角度的资源整合是指由政府主导的、在其他政策支持下形成的相关机构所开展的整合工作，主要为中小企业的创业发展提供便利条件。从局部视角切入的微观角度来说，资源整合是针对具体企业开展的，对具体的企业或个人进行点对点的整合调配，目的是为自身的长远发展提供保障。

对于创业者来说，最重要的阶段是在资源确定之后开展的步骤，即创业的具体过程，针对这一过程，对企业所掌握的各种资源运用一定的手段进行拆分组合，并按一定的原则进行系统分析。

1. 外部资源整合原则

（1）互利互惠原则

对于一个创业企业来说，寻找到的每一种资源都是一个独立的利益集团，同时这些资源之间以及资源与创业企业之间又有着不可分割的紧密联系，所以在开发和分配的过程中要坚持双赢的原则，在自身利益有保障的情况下，应重视对方的受益水平，在长期资源的使用上更要注意利益的平衡均等，这样才能保证企业的长远发展。

（2）循序渐进原则

对于创业者来说，寻找资源固然是一件极其困难的事情，在不同时期需要的资源类别也会随着企业的发展而不同，因此在资源整合过程中需要注意的一个原则就是循序渐进，不可一次将所有可能利用的资源全部都揽入囊中。整合利用时应综合考虑开发资源的成本、资源带来的收益和可能存在的风险，并进行全面评估。根据每个时间段的需求合理地进行资源的总体协调配置。任何创业资源都应该在其适当的条件范围内降低维护成本。

（3）量力而行原则

循序渐进原则是针对不同阶段中资源开发和使用而提出的，量力而行原则则是主要针对同一种资源进行讨论。对于创业的团队或个人来说，起步时期自身具备的开发水平相对较低，能力也较弱，因此更需要结合自身实际情况制定符合发展速度的资源整合方式。此时不要急于创新，按部就班地做好规定范围内的事情才能为后期的长远发展打下坚实基础。

2. 内部资源整合原则

与外部资源相比，内部资源的整合针对性较强，因为整合内部资源的最关键目的在于根据已经获取的全部资源，分析内部形势，从而将已有资源更加有效地在内部进行共享和更高效利用，而不同于外部资源主要负责探索新的可利用部分，即一个是建立在已有基础上的整合利用，一个是发现新资源。因此，经常把内部资源的整合称为"内部挖掘"，根据内部资源的以上特点，归纳出在这一整合过程当中应当注意以下基本原则：

（1）公平公正原则

正如外部资源整合原则中所说，应当在开发利用中坚持互利共赢的原则，在整合的大范畴内存在着诸多独立的个体，作为这一范围内的资源享有企业，在对待不同独立的利益主体时应该表现出不同主题之间的公平公正原则。针对企业内部，主要体现在人力资源的利用上。创业者与自己创立企业的员工之间应该保持顺畅的沟通，便于及时发现公平公正方面存在的问题并及时改正。

（2）短期利益与长期利益相结合原则

从整体上分析，强调对创业资源的有效整合，最终目的是实现新创企业的最大化收益，但这个所谓的收益也有短期和长期不同的目标。不能为了实现短期利益而对资源进行大规模集中性的分配，从而导致长期收益没有保障的情况出现，也不可为给长期利益保留资源，而不顾企业眼下发展境况而影响其生存。统筹长短期目标，协调可能存在的冲突是这一原则提出的目的。

（3）效益性原则

研究创业资源整合这一问题的出发点和落脚点都是提高资源的综合利用率，从而促进创业企业整体效益的提升。遵守这一原则的前提是尽快提升资源的有效利用率，通过配置手段上的优化及合理规划使创业资源的受益面得以拓展并且方便已得资源的使用，实现效益最大化。提高整合创业资源效率的方式方法包括：①节约开发新资源的成本，通过技术上的更新和管理理念的更新在同一水平线的成本投入上提高产出率；②优先开发易获取、易整理的创业资源；③不断调整效率低下的配置结构，通过相关资源的重新配比完成科学配置过程。

(4) 缓冲原则

困难和挫折是企业在发展过程中常见的问题，平稳化解这些风险主要依靠的力量就是企业自身所具备的优势条件，也就是已有资源。因为企业是以营利为目的的，所以多数企业不会冒着利益损失的风险去帮助初创期的企业渡过难关。据此，内部资源的整合一定要留有转变的空间，以满足不时之需。例如，对于直接影响企业生存的周转资金，新创企业要留有必要的储备，因为处于困境下的企业难以完成二次融资。

5.3.4 创新创业资源整合的步骤

对资源进行识别可以归为两种方式：

1) 从小处着眼的自下而上识别方式，即企业首先对企业经营的模型有明晰的定义，据此分析所需要的资源、缺乏的资源，接着通过配置的步骤整合在一起，再投入生产。

2) 从大局着眼的自上而下的识别方式，即首先对整个创业单位的愿景和使命有清楚的描绘，之后通过向下寻找的方式找出需要配齐的人员、物资、技术等各类资源，这种识别方式的基础是内部的组织资源。

新创企业或创业者个人要非常清晰地认识在自己可能获取的"资源库"中占有资源的整体情况，包括类别、数量和可利用时间等，同时要清晰地认识自身具备的优势条件、劣势条件以及自己所需要的资源类别、方向等，以避免在识别资源时出现因数据庞大导致筛选效率低下的情况。在这个步骤中，要将资源所属门类进行判定，如：财务资源（外界投资和已有的内部资源）、人力资源（具备高阶知识储备的先进人才、本行业的先进技术等）、社会资源（外部环境中对企业发展有支持作用的政策或同行业中合作伙伴的支持）、组织资源（企业内、外部各部门之间的协调、内部有效的管理机制）、物质资源等。在建立如上分类的基础上，对企业现有资源、还需吸纳的资源以及面临的机会和威胁进行分析，找出差距。对于简单易得的资源应当直接将其投入生产过程中，提高生产率；对于获取途径复杂、数量稀缺的资源，则应该站在全局的角度对资源进行整合之后再投放入生产过程内，以免浪费资源。

整合资源的步骤大致可以划分为四个步骤：识别有效资源、寻找获取资源的途径、对获得资源的分配、对分配到的资源高效利用。应当特别强调，这四个步骤的工作具有时间上的先后顺序，且在内容上相互影响，不是毫不相干的工作。因此，新创企业或创业者个人进行资源整合时，应按照这四个步骤将资源分阶段整合，不可跳跃或乱序。

1. 识别有效资源

企业的创建过程通常是通过机会与资源的整合来实现的,然而具有不同创业动机的创业者其创业过程是不同的。创业动机可分为决策驱动和机会驱动两种。决策驱动是指新企业的形成过程开始于创业者的创业决策,创业者是先决定创办新企业,然后开始识别商业机会。机会决策是指创业者在决定创业之前先识别商业机会,根据基本的产品或服务理念来评估环境和创业者的能力及资源,以判断这种商业机会是否可行,一旦机会可行立即进行企业创建活动。

根据创业者的不同驱动因素将新创企业资源识别过程分为决策驱动型资源识别过程和机会驱动型资源识别过程。

(1) 决策驱动型资源识别过程

这种资源识别方式中创业者首先形成创业决策,目的在于满足其自身的成就需要,然后再通过开发商业机会得以实现。形成新企业是其创业目标,而机会是实现这一目标的手段。由于这类创业者只拥有一种愿景,因此创业者将努力地挖掘自身现有的资源,并从中发现可以实现其创业目的的可行性商业机会。这是一种自上而下的过程,创业者首先将建立企业作为其创业目标,因此创业者的初始资源将决定其能够识别的商业机会,在这一过程中通过创业者对自身天赋资源的反复评价,也将会对创业愿景进行不断地修改。同时这也是一个反复的过程,直到找到适合自己创业的商业机会为止,因此通过这一过程确定的商业机会是以创业初始资源为基础的。

(2) 机会驱动型资源识别过程

这种资源识别过程是创业者已经发现可行的商业机会,然后决定创建企业并进一步开发机会,因此与决策驱动型创业不同的是,这种创业类型是将创办企业作为机会实现的手段,其目的是提供一种产品或服务。虽然,从结果来看机会驱动型和决策驱动型两种类型的创业动机下都实现了新企业的创建,但是,其资源识别过程是具有差异的。在机会驱动型资源识别过程中,创业者对资源的识别和评价都是围绕商业机会进行的,相对于决策驱动的资源识别过程来说,这种资源识别过程更注重机会开发所依赖的核心资源和独特能力,其他资源都是围绕这些基础资源来识别和利用的。创业者将从不同的驱动因素出发,对已掌握的各类资源进行识别并加以归类,确定资源的不同用途,然后进入新创企业资源获取阶段。

2. 寻找获取资源的途径

新创企业要保证其顺利发展,就需要广泛地获取外部资源。由于资源所有者有限的先验知识,再加上新创企业的技术和产品上存在着不确定和信息不对称等问题，因此新创企业在获得资源方面存在很大的困难，将会面临由于缺少法律和外部主体（如顾客、供应商和政府部门）在制度上的支持所导致的不确定性，因此，资源所有者倾向于延迟资源投入直到企业暴露更多的信息。除了不确定性，创业资源获取过程中还存在着复杂的信息不对称现象，因为相对于外部评估者来说，创业者占有较多的企业层面、产品技术层面和团队能力层面的信息，这种信息不对称导致了两方面的问题使得资源所有者不愿对新创企业进行投资：首先，为了防止其他人利用同样的机会，创业者不愿意向资源所有者公开全部信息，因此用于评估的信息很可能是不完备的；其次，创业者可能采取机会主义行为，因为他们掌握资源所有者所不具备的信息。因此，面对以上的问题，新创企业在资源获取的过程中要灵活地利用资源获取方式来建立与外部资源所有者之间的联系。通过对创业资源分类的研究不难发现，创业者可以利用工具型资源（如人才、资金、技术等）来获得其他资源，需要指出的是对于资源的利用并不拘泥于这种分类。有专家认为，在资源获取过程中创业者可以通过识别创业禀赋资源的价值，利用有形资源杠杆和无形资源杠杆来实现资源的获取。

（1）有形资源杠杆

在资源获取过程中新创企业与老企业是有显著不同的。新创企业没有资源基础，因此很难从内部开发资源。新创企业获取资源的主要途径就是通过从外部资源所有者手中获得资源的使用权。基本的方式是通过工具型资源来获取所需资源（包括购买和租赁），这种方式要求创业者掌握一定的资金或所有权性资产作为抵押。同时新创企业可能占有一定的生产型资源（如技术和市场资源等），创业者可以通过暴露这部分资产的期权价值，利用生产型资源来吸引其他资源所有者，这种通过有形资产获取资源的方式称为有形资源杠杆。新创企业在利用有形资源杠杆时，通常与资源所有者进行直接交易或签订期权合约，这种资源杠杆一般通过出让占有的资源或暴露资源的期权价值来实现。

（2）无形资源杠杆

新创企业占有和控制的资源必定是有限的，因此还需要通过其他的方式来获取资源。创业研究越来越关注于社会网络和创业者人力资源（声誉和专业技能、经验等）对创业活动的影响。的确，在资源获取阶段，创业者可以通过个人的网络关系和声誉等资源，与资源所有者之间建立联系，从而获得资源，这种途径称为无形资源杠杆。资源基础理论认为社会网络对于新创企业来说是一种异质的、有价值的资源，它可以作为获得其他类型资源的杠杆，早期研究表明在新创企业形成的早期阶段，创业者经常利用由个人关系建立的社会网络来获得财务资源、关键的技术和管理人才以及顾客的购买订单。同时组织理论发现，创业者的社会网络和声誉是共同构成缓解不确定性和信息不对称问题的一种机制。社会网络在以下几方面能够促进资源获取过程：首先，网络能使资源所有者集中创业者能力方面的重要信息，了解新创企业的技术和产品的市场潜力；其次，网络可以降低机会主义所产生的交易成本。一旦创业者从事了不法行为，资源所有者可以通过网络散布创业者的负面信息，以此来制裁创业者。因为声誉的形成是要靠时间积累的，但声誉的损毁却非常快，网络能够产生"自加强"效应来约束机会主义行为。

其实，创业者在资源获取阶段可同时利用这两种杠杆撬动其他资源，有形资源杠杆是双向的，既可以通过工具型资源发挥杠杆作用获取生产型资源，也可以利用生产型资源来获得有形的工具型资源（如财务资源），进而继续发挥工具型资源的杠杆作用。由于创业者个人声誉和社会网络的积累是一个长期的过程，因此无形资源杠杆只能发挥单向作用，即通过无形的工具型资源来获得生产型资源。因此，新创企业有效合理地利用这两类资源杠杆，能够提高新创企业的资源获取效率。

3. 对获得资源的分配

在企业所有资源没有被统一划分之前，资源没有所属类别、没有对应部门、没有系统化的排列，在此情况下要使资源库中的资源发挥至最大作用，实现最大化的价值有相当大的难度，需要有科学合理的资源配置理论做指导。对各类资源进行集合，汇总后对资源整体情况进行数量上、类别上的把控，再按需拆分为不同的单元，将原有资源进行有机结合，使资源重新编排后具备更强的条理性、可调节性和系统性。想要资源能够更好地创造价值，就要为资源发挥作用提供平台，即让其有充分发挥作用的地方，也就是所说的使各类资源相互配合、在相互填补的过程中增强各自的作用。创业个人对资源的独特之处、特有本质、应用广泛程度、种类等方面进行的综合评价和系统剖析对资源配置采用的方式有根本性的影响。任何事物都具有两面性，企业的资源也是如此，这就看创业者如何将这些资源灵活地运用。针对资源显现出来的积极部分给予充分分配，挖掘利用价值；针对可能具有消极影响的部分则立足资源利用的出发点，大胆排除负面影响，克服本身存在的问题，对资源进行细分、整合。如此不仅可以为后续内容更为丰富的"资源库"的建立提供保障，而且能为企业提供发现新机遇的机会。

4. 对分配到的资源高效利用

在从整体视角出发对企业内部已获得的总资源进行分配后，各部门如何利用分配到本部门的有效资源，是资源整合的最后一步，也是关键的一步。这时资源的利用方式将直接对生产销售结果产生影响。对既得资源的利用，要按以下原则进行：

1）应该形成相互制约机制，避免资源的滥用和无规则使用造成的慌乱。

2）形成资源使用监督机制，在资源利用过程中对使用情况、使用时间、使用方向等实时监督把握。

3）形成资源利用效果反馈机制，考察资源被投入生产过程中后投入与产业的效果，如果产出率低就要考虑改变资源投入量和生产方式，以保证资源的高效利用。

5.3.5 创新创业资源整合方法

由于资源的"稀缺性"，很多创业者在创业之初缺少资金、设备等资源，采用"零起步""白手起家"等方法开始创业，也有的把资源的严重缺乏看作是一个巨大优势，迫使自己采取最经济的方法，在资源高度约束的情况下，用少量资源赢得尽可能大的利益。

资源运用就是创业者利用所获取并经过配置的资源，在市场上形成一定的能力，通过发挥资源与能力的作用为客户提供产品或服务并为客户创造价值的过程。美国创业学教授 Brush 等认为，资源运用是企业资源整合的最终目标，只有充分运用了企业获取和配置的资源，企业的各种能力才能形成，企业的发展才能够成为现实。由此可见，资源运用得当，便会提升创业资源的利用效率，进而提高创业绩效。

具体而言，创业资源整合方法主要包括拼凑法、步步为营法和杠杆作用法。

1. 拼凑法（Bricolage）

拼凑法是指创业者在资源高度约束的情况下，利用身边已有的零碎资源制造新产品和创造价值的方法。拼凑法包含以下几层含义：

1）拼凑利用的资源可能不是最好方式，但可以通过一些技巧将平凡资源创造性地组合在一起。

2）通过对零碎的、旧的资源改进或加入一些新元素可以改变资源结构，实现资源有效组合。很多案例表明，拼凑是创业者利用资源的独特行为，利用手头存在的不完整、零碎的资源，如工具、旧货等，可以创造出独特的价值。创业者可能通过突破惯性思维、手边资源再利用、将就等策略，采用全面拼凑或者选择性拼凑的方式，解决资源高度约束的问题。

2. 步步为营法（Bootstrapping）

步步为营法是指在缺乏资源的情况下，创业者分多个阶段投入资源，并满足在每个阶段投入最少资源的方法。美国学者杰弗里·康沃尔指出，在有限资源的约束下，采用步步为营法整合资源，不仅是最经济的方法，也是一种获取满意收益的方法。由于创业者难以获得银行、投资家的资金，为了使风险最小化、审慎控制和管理、增加收入等，采用步步为营法有以下作用：

1) 在有限资源的约束下，寻找实现创业理想目标的途径。
2) 最大限度地降低对外部资源的需要。
3) 最大限度地发挥创业者投入在企业内部资金的作用。
4) 实现现金流的最佳使用等。

采用步步为营法的策略表现在保持有目标的节俭原则、减少对外部资源的依赖、设法降低资源的使用量等，以降低成本和经营风险。

3. 杠杆作用法（Leveraging）

杠杆作用法是指发挥资源的杠杆效应，以尽可能少的付出获取尽可能多的收获。美国银行投资家罗伯特·库恩认为，企业家要具有在沙子里找到钻石的功夫，能发现一般资源怎样被用于特殊作用。发挥资源的杠杆效应体现在以下五个方面：

1) 比别人更加延长地使用资源。
2) 更充分地利用别人没有意识到的资源。
3) 利用他人的资源完成自己创业的目的。
4) 将一种资源补充到另一种资源，产生更高的复合价值（组合）。
5) 利用一种资源获得其他资源（交换）。

资源杠杆可以是资金、资产、时间、品牌、关系、能力等。对初创业者来说，最适合的杠杆是善于利用一切可以利用资源的能力。杠杆发挥作用的具体形式有借用、租赁、共享、契约等。比较容易产生杠杆作用的资源是社会资本，它为社会网络中的创业者的交易活动提供便利的资源和机会。

综上所述，对于创业者而言，创新创业资源的挖掘与整合首先要清楚自身所拥有的知识技能、自身所拥有的关键创业资源和创业社会网络的价值；其次要考虑如何做才能够从供应商、客户、竞争对手获取创业所需的各种资源以及如何利用社会网络获取创业所需资源，如何在企业内部通过学习来开发形成新的资源；然后就是要对资源进行合理配置，包括剥离创业无用的资源、实现资源的转移和结合、实现内部资源的共享性配置等；最后是创业者及其团队要努力利用个人资源和已整合的资源获取外部资源。

第 6 章　创新创业风险识别与防范

6.1　创新创业风险概述

对创新创业风险的评估与防范是现代商业理论中一门非常高深和复杂的学科，涉及包括数学在内的方方面面。对于创业者来说，要进行标准规范的风险评估是有一定困难的，而且创新创业项目所涉及的领域往往是那些新生的、正处于刚刚发展阶段的市场，而这部分市场的不确定性更高，要对其准确进行风险评估的难度也更大。一个成功的创业者不一定必须为风险评估的专家，相比更重要的是其必须具备敏锐的风险意识，应能够分析并且识别出决策背后的潜在风险，并且选择最合适的方式加以规避和控制。

6.1.1　创业风险的概念

对创业风险的界定，目前学术界还没有统一的观点，大多数国内外专家学者都只针对自己所研究的领域或角度来界定，而并没有将其一般的概念提炼出来。有学者将创业风险视为创业决策环境中的一个重要因素，其中包括处理进入新企业或新市场的决策环境以及新产品的引入。有学者从创业人才角度界定创业风险，认为创业风险就是指人才在创业中存在的风险，即由于创业环境的不确定性，创业机会与创业企业的复杂性，创业者、创业团队与创业投资者的能力与实力的有限性，而导致创业活动偏离预期目标的可能性及其后果。

总体来说，创新创业风险是创业投资行为给创业者带来经济损失的一种概率性的可能性，在未演化成威胁之前，并不对创业活动造成直接的负面影响，所以创业风险是一种未来的影响趋势。风险与收益一般是成正比例关系，即风险越大，获利可能性越高。任何一家运营中的企业时时都会遭遇一些风险。风险是可以被感知和认识的客观存在，无论从微观角度还是宏观角度，都可以进行判断和评估。因此，新创企业在开办之初就要查找并确认企业可能存在的各种风险，制定并执行各种有效的可以应对风险的对策，把风险损失降低到所能承受的最小范围内。

6.1.2 创新创业风险来源

如上所说，创新创业环境的不确定性，创新创业机会与创新创业企业的复杂性，创业者、创新创业团队与创新创业投资者的能力与实力的有限性，是创新创业风险的主要来源。由于创新创业的过程往往是将某一构想或技术转化为具体的产品或服务，在这一过程中，存在着几个基本的、相互联系的缺口，它们是形成上述不确定性、复杂性和有限性的直接影响因素，也就是说，创新创业风险在给定的宏观条件下，往往就直接来源于这些缺口（图6-1）。

图 6-1　创新创业风险来源

1. 融资缺口

创新创业融资缺口存在于学术支持和商业支持之间，是研究基金和投资基金之间存在的断层。其中，研究基金通常来自个人、政府机构或公司研究机构，它既支持概念的创新，还支持概念可行性的初步验证；投资基金则将概念转化为有市场的产品原型，这种产品原型有令人满意的性能，对其生产成本有足够的了解并且能够识别该产品是否有足够的市场。创业者可以证明其构想的可行性，但往往没有足够的资金将其实现商品化，从而给创业带来较大的风险。通常，只有极少数基金愿意鼓励创业者跨越这个缺口，如公募、私募，以及政府资助计划等。

2. 研究缺口

创新创业研究缺口主要存在于仅凭个人兴趣和经验所做的评估与基于市场潜力的商业判断之间。当一个创业者最初证明一个特定的科学突破或技术突破有可能成为商业产品基础时，其仅仅是进行满意的论证。然而，这种程度的论证并不一定可行，在将预想的产品产业化过程中，即具备有效的性能、低廉的成本和高质量的产品能从市场竞争中生存下来的过程中，需要大量复杂而且可能耗资、耗时巨大的研究工作，从而形成创新创业风险。

3. 信息和信任缺口

创新创业信息和信任缺口存在于技术专家和创业者之间。在创新创业中，存在两种不同类型的人：一是技术专家；二是创业者（虽然创业者有一定的技术特长，但仍需要技术专家的支撑）。这两种人接受的教育不同，对创业有不同的预期、信息来源和表达方式。技术专家了解哪些项目是具有科学性的，哪些项目在技术层面是可行的，哪些项目是根本无法实现的。在失败类案例中，技术专家要承担的风险一般表现在学术和声誉上影响以及经济利益的损失。创业者通常比较了解将新产品引进市场的程序和客户的需求，但当涉及具体项目的技术问题时，他们不得不依赖技术专家。如果技术专家和创业者不能充分信任对方，或者不能够进行充分有效的沟通交流，那么这一缺口将会变得更宽更深，导致更大的风险。

4. 资源缺口

创新创业没有所需的资源，创业者将一筹莫展，创新创业也就无从谈起。因为资源缺口会制约创新创业活动的推进，甚至会使创新创业项目夭折；资源缺口并不可怕，可怕的是对资源缺口的盲目和麻木。资源缺乏，一是指创业者获取该资源的难度，二是指该资源在创新创业中具有不可或缺性。创业者对此要十分清楚，既要知道资源缺口有哪些及具体量化的差距，又要清楚这些资源缺口会显现在创业进程的哪个阶段。

在大多数情况下，创业者不可能拥有所需的全部资源，这就形成了资源缺口。如果创业者没有能力弥补相应的资源缺口，要么创业无法起步，要么在创业中受制于人。创新创业者明白创新创业资源缺口后，要对如何整合这些资源进行切实、务实的考虑，并拟定踏实而为之的细化措施。即明确这些资源在哪里，整合所需资源的可能程度，资源整合的渠道和方法比较，各种资源整合方式的成本比较，资源整合的时间区间，资源整合的责任人以及资源整合的预案。

5. 管理缺口

创新创业管理缺口是指创业者本身并不一定具备出色的管理能力。创新创业活动主要有两种：一是创业者利用某一创新技术进行创业，他可能是技术人才，但却不一定具备管理才能，从而形成管理缺口；二是创业者往往有某种"奇思妙想"，可能是新的商业"金点子"，但在企业经营规划上不具备出色的才能，或不擅长管理具体的事务，从而形成管理缺口。

6.1.3 创新创业风险特点

创新创业风险一般具有客观存在性、不确定性、相关性、可变性、可测性和测不准性等特点。

1. 客观存在性

事物发展的不确定性客观存在，这是事物发展变化过程的特性，在创新创业过程中风险也是客观存在的，不能选择性地忽视风险。风险的客观存在性要求创业者应采取正确的态度对待创新创业风险，并积极采取措施应对和防范。

2. 不确定性

创业者在创业过程中必然面临的不确定因素呈现多样性，这些因素既包括遭到既有市场竞争对手的排斥和抵制，进入市场面临着市场竞争的不确定性，也包括新技术难以转化为生产力及技术产业化，因此面临技术上的不确定性。

3. 相关性

创新创业风险的相关性是指创业者的行为及决策决定了其必然面临一定程度的风险。创新创业风险对于价值创造有负面的影响，但如果创业者能够正确认识并能充分利用风险，反而能促进价值的产生和增长。

4. 可变性

创新创业风险的可变性是指创新创业的风险不是固定不变的，当创新创业企业或创新创业项目的内部或外部环境发生变化、采取风险防范及管控措施时，创新创业风险将会变化，这种风险可能加大，也可能降低。

5. 可测性和测不准性

创新创业风险的可测性是指创业风险是可测量的，即可通过定性或定量的方法对风险进行评估。创业风险的测不准性是指风险是动态变化的，当创新创业的内部或外部条件发生变化时，创新创业风险也随之变化。

6.1.4 创新创业风险的类型

1. 按创新创业风险产生的原因划分

按创新创业风险产生的原因划分，可分为以下两类：

1）主观风险：在创新创业阶段，由于创业者的身体与心理素质等主观方面的因素导致创新创业失败存在可能性。

2）客观风险：在创新创业阶段，由于客观因素导致创新创业失败存在可能性，如市场的变动、政策的变化、竞争对手的出现、创业资金缺乏等。

2. 按创新创业风险的内容划分

按创新创业风险的内容划分，可分为以下六类：

1）技术风险：由于技术方面的本身因素及外界技术变化的不确定性，可能导致创新创业失败。

2）市场风险：由于市场机遇的不确定性，可能导致创业者或新创企业或项目损失。

3）法律风险：创业者在创新创业过程中，由于缺乏对一些法律知识的了解或存在法律纠纷而导致的风险。

4）管理风险：因新创企业管理不善或创新创业团队内部管理问题而产生的风险。

5）竞争风险：创新创业过程中由于激烈的市场竞争可能给企业带来损失或危机。

6）财务风险：创业者在筹资、投资、资金预算和使用环节可能存在的风险。

3. 按创新创业的过程划分

创新创业过程可分为机会识别与评估、准备与撰写创新创业计划、确定并获取资源、新创企业管理四个阶段；相应地，创新创业风险也按这几个阶段分为四类：

1）机会识别与评估的风险。在创新创业机会的识别与评估过程中，由于各种主客观因素，如信息量获取不够，把握不准确或预测偏差较大等使创新创业之初就存在一定的风险。另外，由于创新创业而放弃了其原有的职业所面临的机会成本风险，也是该阶段存在的风险之一。

2）准备与撰写创新创业计划的风险。创新创业计划往往是创业者决定是否投资的依据，因此创新创业计划是否能真实反映创新创业过程，将对创新创业效果产生影响。创新创业计划制订过程中各种不确定性因素及制订者（含创新创业团队）自身能力的限制，也会给创新创业活动带来风险。

3）确定并获取资源风险。由于存在资源缺口，无法获取所需的创新创业关键资源，或获得的成本太高，从而给创新创业活动带来一定风险。

4）新创企业管理风险。主要包括企业发展战略和发展规划的确定，组织架构、核心技术、市场运营及后期服务、管理模式、企业文化建设等方面存在的风险。

6.2 创新创业风险管理

在激烈的市场竞争中,企业运营管理的风险时时处处存在,新创企业更是如此。

风险管理就是企业或组织或项目对面临的各种风险进行识别、评估、分析,确定恰当的风险控制方法并予以实施,以确定的管理成本替代不确定的风险成本,并以最小经济代价获得最大现实保障、把风险降到最低的管理过程。风险管理的核心是对风险进行识别和处理。新创企业一般都是规模不大的小微企业,小微企业有外部环境因素影响造成的风险,也有自身固有的内部风险。据德国一家研究所调查结果显示,小微企业的主要问题是对其内部风险不能及时识别,等到发现时,往往来不及采取应对措施。本节主要阐述按创业风险的内容划分的六类风险的管理及防范措施。

6.2.1 技术风险

1. 技术风险的定义及特点

如前所述,技术风险是指由于技术方面的本身因素及外界技术变化的不确定性,可能导致创新创业失败的可能性。对于一些技术占比较大的企业来说,技术力量是否雄厚,员工作业是否熟练,工作经验是否丰富等都直接影响企业的生存和发展。

首先,技术含量低易导致创新创业失败。当前我国大学生创业者大多从事技术服务性工作,技术门槛较低,易被模仿和替代,市场竞争十分激烈,容易导致创新创业失败。

其次,技术的不成熟性容易导致创新创业失败,尤其是在软件程序设计创业向产品转化的过程中,由于创业前期企业的研发工作处于概念设计阶段,技术的可行性几乎无法判断和确定,因此,专业技术因素容易导致产品转化失败。

再次,技术缺乏创新,后续乏力导致创新创业失败。部分创业者在获得短期利益之后,常常会"见好就收",不再重视技术的研发和创新,而是"吃老本",导致企业发展后劲不足。

另外,技术人才流失对于新创企业来说也具有很大的风险。一些研发、生产、经营和技术服务型企业需要面向市场,大量的高素质专业人才或业务队伍是这类企业发展的重要基础,在那些依靠某种核心技术或专利创业的企业中拥有或掌握这一关键技术或专利的技术骨干的流失是创新创业失败的最主要风险。

2. 技术风险防范措施

（1）自己掌握技术

要避免技术风险，最有效的办法是将技术掌握在创业者自己手里。从另一个角度讲，大学生如果根据自己的专业技术来开办创新创业企业，技术风险就会降低，成功的几率相对也会更高。

（2）雇用掌握技术的员工

除了大学生创业者自己掌握技术以外，还可以通过招聘掌握技术的人才来助力自己创新创业，实现理想。大学生作为创业者，不可能事事亲力亲为，掌握生产过程的每一项技术，因而，通过雇用掌握该技术的员工必不可少，这也是现代化企业管理的要求。

（3）充分利用大学的资源

根据教育部门统计的数据，我国高等院校科技成果转化率不到20%，专利实施率不到15%，而发达国家分别是70%和80%。这一鲜明的对比表明我国科技成果的转化率很低，同时也说明，如果大学生创新创业能够建立在已有的尚未转化为生产力的科技成果的基础上，那么成功率也会更高。因此，大学生创业者可充分利用母校现有的资源，"产学研用"相结合可以达到事半功倍的效果。

6.2.2 市场风险

1. 市场风险的定义及特点

市场风险即由于市场的不确定性导致创新创业失败的可能，这是创业者所面临的另一重要障碍。主要表现为市场接受能力、市场接受时间、产品扩散速度、竞争能力等的不确定性或突变性，如消费者购买能力或需求下降、市场份额急剧下滑、产品进入市场过早或过迟，或是出现反倾销、反垄断指控等。大学生创新创业的起点一般比较低，创业初期往往缺少资金和强大的销售系统，能否在短时间内占领市场都有待于时间的考验，大学生创业者在短时间内也很难准确估计市场能否接受自己所生产、销售的产品及接受的数量究竟是多少，因而容易导致创业失败。作为安全生产领域的创新创业，可能还受到国家及当地政府在安全生产监管政策方面变化的影响，包括法律法规和安全技术规范标准的变化。

2. 市场风险防范措施

企业要结合发展战略，针对目标市场要求，根据外部环境因素，最有效地利用企业自身的人力、物力、财力资源和外部资源，制定企业最佳的市场营销组合策略，最大限度地起到降低市场风险的作用。可以在以下几方面采取有效措施：

（1）树立以市场为导向的整合营销理念

要在瞬息万变、竞争激烈的市场中得以生存，创业者必须树立正确的市场营销理念，重视市场营销的作用，这是开展一切营销活动的前提，也是避免市场风险的前提。创业者要增强现代营销观念，把市场营销工作放在重要地位，在进行产品或服务策划、价格制定、渠道选择、促销策略制定时均要以市场为导向，从顾客角度出发，同时生产研发部门应注意与营销部门配合，主动响应市场需求，实现技术或服务与市场的完美结合。

（2）生产适销对路的产品或服务

面对客户消费需求的不断变化和业内竞争对手产品或服务模式更新步伐的加快，提高新产品研发的速度和服务模式的变化，是预防产品风险的重要渠道。面对企业已出现的产品或服务风险，尽快开发出符合市场需求的新产品或服务是企业走出困境、摆脱困境、提升企业竞争力的有效举措。企业应根据市场需求和企业目标，对产品组合和服务的宽度、深度与关联度进行决策，降低企业投资风险，增加产品或服务的差异性，适应不同客户的需求，从而提高企业在某一地区或某一行业的影响力。

（3）做好市场细分

消费者需求和欲望千差万别，发现并满足消费者需要对于营销是至关重要的。要在激烈的竞争中获胜，必须在创业前做好市场细分和定位，产品或服务不可能满足所有消费者的需要，所以应将精力集中于潜在消费者中某一特定群体的需要，选择并集中力量于最有效的市场，并在此市场中使创业者有意识地形成本企业能够基本判断和把握的优势与力量。

6.2.3 法律风险

1. 法律风险的定义及特点

创新创业的法律风险是指大学生在创新创业过程中，由于对一些领域法律知识的了解不够而导致的风险。很多大学生创业者，由于对创业和经营方面的法律政策知识欠缺，对企业创建、运行的相关程序并不十分了解，不能意识到潜在的法律隐患，会以感情代替规则，以主观判断代替理性思考，以投机心理和冒险行为代替理性的法律和逻辑思维，做一些自认合理却不合规之事，以致造成一些惨痛的教训。例如，在签署合同、洽谈业务中，没有用法律武器好好保护自己，很多合同条款与《民法典》等相关合同法规要求背道而驰，而导致创业失败，甚至要承担刑事责任；或对合同条款阅读不仔细，或未请专业人士把关，被对方钻了法律空子，无法维护自身的合法权益；由于手续不全而导致非法经营、发生知识产权侵权事件等。

2. 法律风险防范措施

（1）及时了解国家方针政策的变化

大学生在创新创业时，需学习国家相关法律法规，了解国家对相关行业的方针政策，也要密切关注国家对经济调控的政策动向，如有些行业由于发展过热，影响国民经济的健康持续发展或产业布局，此时国家可能会出台相关的调控政策，严格监管这些行业，对于这类行业应当谨慎进入，已进入的应及时谋划以随时做好调整策略。

（2）及时处理好各种法律纠纷

创业者要处理好创新创业过程中出现的法律纠纷，避免其演化为创新创业过程中的危机事件。在出现法律纠纷后，要注意区分法律纠纷的性质，制定个性化处理程序，启动危机管理程序，将法律纠纷消灭于萌芽状态，避免法律风险的扩大化。即使是面临可能导致创新创业失败的重大法律危机事件，也并不是不能挽救的。创业者应针对危机的根源，积极管理和应对，大力开展危机公关，从而避免新创企业崩溃的法律风险。创业者还应注意，在新创企业法律纠纷的处理中，同类型事件的处理并没有唯一的标准和答案，因此，要注意积累经验，提高法律纠纷处理的创造性和灵活性。

（3）守法经营

创业者要依法处理好与政府、客户、员工之间的关系。创业者要与很多政府部门打交道，一旦发生比较严重的违法行为，新创企业有可能被吊销营业执照，或被其他行政处罚，给企业形象和征信带来麻烦。因此一定要及时年检、依法纳税、严格遵守国家安全环保方面的政策要求等，避免触犯相关的法律和规定。与客户签订合同时，要注意审查对方的主体资格、信用、履行合同的能力和偿债能力等，避免发生纠纷和诉讼。按规定与员工签订劳动合同；组织员工进行"岗前""岗中""岗后"职业健康体检；按规定足额缴纳安全生产责任险、工伤保险及其他商业保险，一方面给员工以保障，另一方面也是规避企业自身的法律风险和经济风险。

6.2.4 管理风险

1. 管理风险的定义及特点

管理风险是指由于企业管理不善而产生的风险。大学生创业者因为缺乏企业管理的经验，很容易遭遇管理风险。特别是当新创企业发展到一定程度后，企业管理的重要性日渐凸显，管理不善则会导致内部消耗巨大、重要员工流失、产品销售不畅、售后服务跟不上等一系列风险事件的发生。另外，大学生创业初期的合作伙伴、员工多为同学和亲朋好友，他们有可能成为创业者的坚定支持者，但也有可能成为创业者最难管理的员工，对企业发展造成障碍，也是潜在的管理风险。

2. 管理风险防范措施

（1）制定科学合理、符合实际的管理制度

要让规章制度真正发挥作用，"以制度约束人"。首先要让企业的全体成员都认可管理制度的重要性、合理性、必要性，使这些管理制度深入人心。因此，在制定管理制度时，要让全体成员充分参与和讨论，使制度源自于实际管理需要，回归管理实践，所有员工都能接受的管理制度才有合理性和可操作性，所有成员也才能发自内心接受制度的约束，从最初的被动约束变为主动遵守制度，从而收到制度化管理的成效。

（2）增强创新意识，防止制度僵化

制度创新是企业增强核心竞争力的重要途径，也是激发员工主动性和创造力的有力保障。因此，新创企业在建立制度时，要为制度留有健全完善和持续改进的空间，为制度创新搭建好平台。在实施制度化管理时，必须随着企业的发展和环境的变化，及时对相关制度的内容进行修订和调整，使企业的制度符合企业现时的实际情况并满足企业发展和环境变化的需求，从而增强企业的应变能力和市场核心竞争力。

（3）强化管理制度的执行

管理制度不能写在本上、挂在墙上、说在嘴上，更要强调和强化落实。强化管理制度的执行首先要从创业者自身抓起，从创业团队、企业领导班子的制度化抓起，以给其他员工树立榜样，上行下效，才能充分调动全体员工的积极性和创造性，从而促进和实现制度化管理；其次要建立科学的考核制度，考核要力求做到公平、公开、标准化和可操作。

6.2.5 竞争风险

1. 竞争风险的定义及特点

竞争风险是指企业在运营过程中由于参与市场竞争而给企业带来损失的可能性。从时间上说，竞争风险一直存在于企业全生命周期；从空间上说，竞争风险存在于企业运营过程的方方面面。不少大学生创业者，因为企业内外部原因导致企业整体竞争力不足，或者因为不重视了解竞争对手的经营运作情况，不能制定有效的竞争策略，导致被激烈的市场竞争所淘汰。

2. 竞争风险防范措施

在市场经济条件下，安全生产领域（行业）存在着激烈的竞争，任何企业都要面对市场参与竞争，考虑好如何应对来自业内同行的残酷竞争是新创企业生存的必要准备。一般情况下，可通过以下一些途径来防范竞争风险：

（1）制定完备的企业竞争方案

企业竞争方案是企业对竞争中可能发生的风险所做出的评估和准备，以便在风险发生时能及时规避或化解的预案。竞争方案制定的原则是：在相同风险情况下，尽量追求最多的竞争效益；而在相同的竞争效益情况下，则追求最低的风险可能性。

企业减少竞争风险的基本策略主要有两个方面：

1）实行竞争策略的多样化。因为竞争策略的多样化能分散竞争风险，而且综合运用多种竞争策略所形成的合力能够有效降低整体风险。

2）分析构成竞争风险的主要因素并加以预防。为了准确测定其中某一因素变动所产生的影响，可采用层次分析法（AHP）来确定各因素在造成竞争风险中所产生的不同影响程度，以便将来减少竞争风险。

（2）建立和完善企业竞争风险机制

要防范竞争风险，建立并完善企业风险基金是必不可少的。因为企业风险基金与企业竞争力的扩张相关联，并且它又是企业智力与资金紧密结合的一种产物，它担负投资项目中的技术研发、市场开拓以及企业竞争力扩张的风险。

（3）充分利用国家利好政策

随着我国改革开放的不断深入，国家为了鼓励企业开展风险性竞争，制定了一系列的方针政策，例如，给新创企业提供税收优惠政策；运用各种经济杠杆，推动企业对高新技术的联合投资和联合开发；由政府金融机构出面，筹措多方资金作为风险投资企业的风险基金，并进行风险投资；对新创企业投资采取优惠政策，加大对高新技术产品生产企业的投入和扶持力度等。这些政策措施的出台，为企业开展风险性竞争创造了良好的环境，如果新创企业能够结合自身的实际情况，用好这些政策措施，必将给企业带来高额的回报，提升企业抵御竞争风险的能力。

6.2.6 财务风险

1. 财务风险的定义及特点

财务风险是指创业者在资金筹集和使用过程中，由于对未来收益不明确，从而导致的风险，即因资金不能适时供应而导致创业失败的可能性。财务风险的大小与筹资数额的多寡、资金缺口的多少以及投资收益率的高低密切相关。

大学生的创新创业一般启动资金较少，创业者自身又大多缺乏财务分析的能力，在资金管理上表现出明显的不足，有的创业者在创新创业之初没有对流动资金给予足够重视，低估资金上的需要，在没有足够流动资金的前提下贸然创业，创业之后又不善于控制经营成本，对人员、物资的管理不善，甚至是疏于管理，往往出现企业的实际成本高于预算，导致入不敷出、难以为继的局面。另外，部分创业者在企业创建成功后，急于扩大规模，迫切希望能更快地创造盈利、收回成本，随着企业规模的扩大，企业自身的流动资金及财务管理能力都不能满足企业快速发展的需求，导致资金链断裂，创新创业项目无法完成，最终不得不放弃。

2. 财务风险防范措施

(1) 扩展融资渠道

俗话说"巧妇难为无米之炊"，缺乏资金，再好的创新技术也难以转化为现实的生产力，再好的创业计划也难以变成现实。足够的资本规模，可以保证企业投资的需要；合理的资本结构，可以降低和规避融资风险；妥善搭配的融资方式，可以降低资本成本。因此，融资机制的形成，直接决定和影响企业的经营活动以及企业财务目标的实现。目前，除了银行贷款、自筹资金、民间借贷等传统方式外，还可以充分利用风险投资、创业基金等融资渠道。大学生创业者要根据这些筹资方式的利弊，结合自身实际情况，做出合理的组合选择。还有重要一点，那就是大学生创新创业时一定要远离"校园贷""套路贷"。

(2) 控制现金流

对大学生创业者来说，应对财务风险相对比较困难。原因在于，多数大学生都是初次创业，缺乏创业经验，而财务风险的应对需要长期的经营和积累总结。所以，大学生创新创业想要有效地应对现金流风险，必须在总结经营过程中点点滴滴的经验教训的基础上制定符合自身实际的财务制度，通过对企业日常业务的现金流监管来防范财务风险。采取的措施主要有两点：

1) 建立严密的企业内部控制程序。通过分析支出费用的结构以及费用支出的合理性，通过理论知识和实践经验相结合来总结经验教训，采取有效的方法提高资金利用率，规避现金流风险。

2) 用收付实现制的会计原则管理现金流。将企业的经营收入和费用支出及时入账，这样有利于及时反映企业的现金流向，便于大学生创业者对现金流进行监控管理。同时，创业者必须时刻关注现金流量表，谨慎比较计划的现金流量和现实的现金流量的差距，一旦发现问题，及时采取措施弥补，改善现金流状况。

6.3 创新创业风险应对策略

创新创业过程需要创业者不断规避各种风险，而主动挑战风险的创业者更应该具备应对和规避风险、降低风险的能力，这是防止创新创业失败和减少损失的必要条件。面对创新创业风险通常需要正视风险、预测风险、规避风险、控制风险、共担风险、分散和转移风险的步骤和方式来应对。

6.3.1 承认和正视风险

创新创业风险是客观存在、难以避免的，而利润与风险往往成正比，要想获得创新创业的成功，就必须敢于承认和承担风险。创业者要提高风险意识，不仅正视风险和预见风险产生的可能性，而且要敢于面对风险。

创新创业涉及的领域很多，创业者应虚怀若谷，多征询各方意见，不同的意见往往是预测和识别风险的重要渠道，要善于综合不同意见并找到适合自己企业的解决办法，而不能忽视或回避风险。这些意见中，尤其要重视反对意见。创业者要善于听取多方意见，当风险出现的时候，创业者要冷静面对，理性处理，从长远利益和企业的发展出发，争取将损失降为最小。

6.3.2 预测风险，提前谋划

激烈的市场竞争要求创业者每走一步都要小心谨慎，稍有疏忽，就可能导致创新创业失败，满盘皆输。因此，创业者要有风险意识并能适时预测风险、评估风险并根据可能发生的风险危机采取理性的决策。风险并不是没有规律的，科学的预测和周密的防控措施都有助于创业者规避风险。

1) 慎选项目，适度发展。不要盲目冒进，也不要过分求稳和保守。创业者未经全面、细致、冷静地分析和调查，就不要盲目进入陌生市场；避免在对影响资金周转较大的项目上投资，也不要轻易同时经营好几个项目；在市场变化的同时，不能原地踏步，应适时出击。总之，创业者应当根据不断变化的市场需求预测可能的风险，并理性决策，提前做好风控准备。

2) 不畏竞争。安全生产领域服务和产品市场竞争非常激烈。技术咨询类的企业门槛低，市场容量有限；安全评价类项目省内外安全评价机构众多，但项目数量只是在小范围内波动；安全设备和软件的研发，国外企业率先了几十年。

一方面创业者不要低估竞争压力；另一方面，可以从相关市场理论和工作实践中通过内外部资源的有效运用，在激烈的市场竞争中占得一席之地。

3）重视营销。创业者在策划营销方案时，一要进行实事求是的商业预算；二要考虑好产品或服务上市初期的惨淡经营。在市场经济环境下，创业者不主动出击，是难以有客户主动上门的。所以要重视营销队伍的建设，开发新客户，留住老客户。

4）坚持自力更生。不与没有诚意的客户接触，少与犹豫不决的客户打交道，避免与征信记录不佳的客户合作。一般情况下，银行或其他金融机构对初创企业都不太信任，所以它在企业出现些许资金问题时很可能会放弃对企业的支持。

6.3.3 建立风控防范机制

控制风险是指在预测和识别风险的基础上，在风险发生之前就采取措施，使发生风险时造成的损失降到最低，甚至使风险不发生。控制风险在操作上难度很大，它要求创业者一方面要牢固树立风险意识，随时掌握企业潜在的风险，从而尽量提前采取措施；另一方面要求企业有快速反应能力和强有力的风控措施。

1）重视文本的严谨规范性，避免留下隐患。在起草文件、合同等时应该求助于法律顾问，因为国家对不同形式的经济主体在法律和税收等方面都有一些特殊的规定，而合同必须严谨避免漏洞。

2）把好人员选用关。创业者在录用新人时不仅要考查候选人的业务能力，同时还要考查他的品质和团队合作精神。

3）合理预算。由于创业者大多急于尽快将可行性计划付诸实施，所以支出预算往往会被忽视。风险投资专家认为，按照各项技术指标计算出的支出预算总额和收入预算总额在实践中一般会有20%~30%的出入。新创企业运行过程中，无论何时都可能需要增加一些计划外的开支，而收入则会因一些偶然因素的影响而减少。

4）建立紧急事件预警和处理机制。紧急事件预警和处理机制有助于减轻或消除意外风险对企业的影响和破坏，同时，由于权责到人，很多风险都能在一定程度上得以有效地预防。

6.3.4 合作共赢，风险共担

市场竞争是绝对的，但有时为了企业长远发展及利益最大化，可以考虑"强强联合"的策略。创业者可以通过合伙、合作、联营等方式，实现与其他方利益共享、风险共担。实践证明，在激烈的竞争中寻求合作伙伴，可以"抱团取暖"，相互支撑，取长补短，增强企业风险抵御能力，对于创新创业风险防控有显著的效果。

1) 避免单打独斗解决问题。创业者往往会过高相信自己的能力。企业管理是一项费时费力、需要高超管理艺术的工作，不重视合作与风险规避会影响企业的经济效益和行业内的影响力。

2) 尽量把风险大的项目分解外包。例如，某安全评价机构要对某企业进行的安全现状评价，该项目涉及重大危险源、危险化工工艺和重点监管的危险化学品，风险很大，则可以让合作的另一个评价机构（该评价机构成立时间较长，技术力量雄厚，与当地政府部门、安全生产专家熟悉，沟通便利）和企业签订技术服务合同，由其完成安全评价工作，再按照约定的比例分成获得一定的经济效益。

3) 不要抵触必要的合作。安全技术服务市场项目类型很多，有安全评价、安全标准化咨询和评审、安全诊断、安全托管、安全教育培训、法定项目检测等。新创企业不可能同时拥有所有资质，可以同其他技术服务机构合作，一方面可以把握好市场份额，而不是把项目拱手让给其他技术服务机构；另一方面可以增加营业收入，为公司的进一步扩大奠定资金基础。

4) 制定规则相互约束。为避免与合作伙伴发生误会，应该事先制定详细的合作协议，明确各方的权、责、利，避免在合作过程中相互猜忌和防范，导致发生矛盾最后不欢而散。

6.3.5　多元化经营，"稀释"风险

安全生产领域（行业）的创新创业项目有安全设备设施的研发（如个体劳动防护用品、新型高效灭火剂、防排烟系统）、安全模拟软件的开发、安全仪表系统（SIS）开发、安全评价、安全标准化咨询和评审、安全托管、危险作业监护、安全生产信息化管理系统的开发、双重预防机制建设、检测检验、事故应急预案编制咨询及预案演练策划等。有些项目是"准入类"的，需要相应资质，有些不需要资质，只要有技术力量和相应设备设施即可开展技术服务工作。新创企业可以根据自身的实际情况，先开展"非准入类"项目，等时机成熟再陆续取得"准入类"资质，用多元化经营规避激烈的市场竞争和因国家政策变化带来的风险。

第 7 章　创新创业计划书

7.1　创新创业计划书的架构

7.1.1　创新创业计划书的概念及作用

创新创业计划书是创业者用以描述计划创立的项目的书面文件,它包含了项目创立所需的各种要素以及创新创业活动综合规划。

创新创业计划书不仅是创新创业团队创业思想的集合,更是创业者与投资方交流沟通的桥梁。创新创业计划书主要有以下三个方面的作用:

1. 创新创业计划书是指导创新创业项目发展的总纲领

创新创业活动来自于创新创业的动机和构想,创新创业计划可以帮助创业者将创新构想转变为实践活动。在撰写创新创业计划书的过程中,创业者需要系统地整合团队创新创业活动的思路,全面分析创新创业市场环境,并且要对不同类型的创新创业要素和活动进行统筹安排。缺乏好的构想就无法支撑创新创业活动,并使创新创业活动缺少系统准备,难以针对客户需求、竞争企业、资金分析、商业模式等方面做深入分析,这样的创新创业活动成功率相对较低。因此,创业者需要对创新创业活动的市场、技术、模式、管理等方面进行深入全面的分析,并对创新创业要素及活动做出系统安排,在此基础上撰写的创业计划书,这不仅可以有效指导创新创业活动,计划书也将成为创新创业项目发展的总纲领。

2. 创新创业计划书是创新创业团队凝聚力的基石

创新创业计划书明确可创新创业活动的主要内容和核心工作,描绘创新创业项目的发展潜质和远大前景,有利于指导创新创业团队在创新创业的过程中团结一体，集中精力解决重点和核心问题，并使创业者对个人、团队以及创新创业项目的未来充满信心，对自己在创新创业项目中充当的角色和将要完成的工作更有把握。因此，创新创业计划书可以帮助创新创业团队凝聚一体，携手发展。

3. 创新创业计划书是创新创业团队吸引投资者的重要参考

在创新创业项目的起步阶段，甚至在项目后期发展以及扩展时期，创新创业团队都有可能面对资金不足的问题，因而很多创业者需要积极进行资金筹措。创新创业计划书能够描述和介绍创新创业项目相关的内外部环境条件和要素特点，综合统筹市场营销、财务、生产、人力资源等职能，能够为创新创业项目的发展提供轨迹指示和创新创业项目进展情况的衡量标准，将其递交给投资者，可以使投资者了解该创新创业项目的市场竞争力、发展潜力、创新创业团队实力、项目资金需求现状和偿还能力等，这些是投资者进行项目投资的重要参考。

7.1.2 创新创业计划书的结构

创新创业计划书的结构即是将创新创业计划的主要内容根据彼此之间的逻辑关系组织起来。创新创业计划来自于创业构想，其形成的过程中包含相关内容的评价和审视，一份完整的创新创业计划书的结构内容如图 7-1 所示。

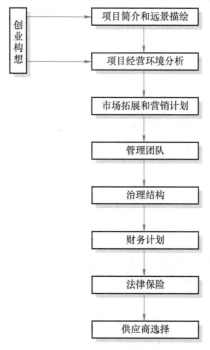

图 7-1 创新创业计划书的结构内容

7.2 创新创业计划书的撰写要求与主要内容

7.2.1 创新创业计划书的撰写要求

1. 目的明确

针对不同的对象，创新创业计划书的内容和写法应有区别。例如，目的为吸引投资者的创新创业计划书与目的为增强团队凝聚力、统一团队思想的创新创业计划书写法与内容应不同。创业者应根据不同的目的、不同的阅读对象的实际需求来确定创新创业计划书的重点内容和核心内容。

2. 逻辑合理

创新创业计划书的预测和基本假设应前后逻辑合理。创新创业计划书应列举充分的理由说明投资可行性，对创新创业及投资成功的可操作性、项目的可持续性和可盈利性的描述都要合乎逻辑。

3. 清楚简洁

创新创业计划书应直接切入主题，突出重点，应开门见山地展示创业者所做的市场调查和预期的市场容量，清晰地描述顾客的需求，语言应清楚、简洁、精炼，要使创新创业项目的重点内容一目了然，尽量避免出现不必要的描述、分析等与主题无关或者关系不大的内容。

4. 要素完整

创新创业计划书的结构是相对固定的，虽然根据不同的目的和不同的对象，内容会有所不同，但一般情况下创业者需要保证创新创业计划书的要素完整性。如果创新创业计划书的要素不完整，可能会影响投资者对于创新创业项目的评估从而影响到项目的投资，也有可能会使投资者认为创业者对于项目准备不充分，诚意和经验都显不足。

5. 内容真实

创新创业计划书的假设、论据及内容应有理有据、真实性强，不得有虚假内容。

6. 内容创新可实践

创新作为创新创业计划书的本质要求，必须被作为重点而突出描述，目的是让投资者或相关人员直截了当地了解项目的特点。可实践性和可操作性是一个创新创业项目的基础，因此创新创业计划书必须详细陈述创新创业项目的可实践性和可操作性，让投资者或相关人员对项目的实施有足够的把握和信心。

7. 通俗易懂

对技术含量较高的创新创业项目，进行项目分析时需要用到相关专业知识和专业术语。但创新创业计划书的撰写，应尽量使用通俗易懂的文字来描述，尽量做到深入浅出。一份好的创新创业计划书，应该使不同领域的专家或者投资者都能够读懂，促使其对项目的市场前景和盈利潜力充满信心，进而认定是值得投资的项目。

8. 形式美观

创新创业计划书在内容上要追求实际，在形式上要追求美观。创新创业计划书的形式美观具体包括标题突出明了、页面排版美观大方、格式正确、标点符号使用正确、装帧漂亮等。美观整洁的创新创业计划书要方便阅读，给投资者或相关人员带来愉悦的阅读感受和良好的印象，才能让创新创业计划书可以发挥出更好的效用。

7.2.2 创新创业计划书的主要内容

1. 封面

创新创业计划书的封面一般包括企业的名称、地址、电子邮件、联系方式、企业网址等。若企业有自己的商标，可将其置于封面页正中。

2. 摘要

创新创业计划书的摘要浓缩的是创新创业计划的精华。编写创新创业计划书摘要的目的是，让投资者或相关人员在短时间内完成对创新创业计划书的评审并做出判断。创新创业计划书摘要一般不超过两页纸，主要内容包括：

1) 公司基本情况：公司名称、成立时间、注册地区、公司地点、注册资本、主要股东、股份比例、主营业务、公司电话、公司传真、过去3年的销售收入、毛利润、净利润（针对老企业的创新创业项目）、联系人。

2) 主要管理者情况：姓名、性别、年龄、籍贯、学历/学位、毕业院校、政治面貌、行业从业年限、主要经历和经营业绩。

3) 产品/服务描述：产品或服务介绍、技术水平、先进性、独特性和竞争优势。

4) 研究与开发：公司研发队伍技术水平、已有的技术成果、竞争力及对外合作情况、已经投入的研发经费和今后的经费投入计划、研发人员的激励机制。

5) 行业及市场：行业历史发展和行业前景、市场规模、市场发展及增长趋势、行业竞争对手情况、公司竞争优势、公司未来3年市场销售预测。

6) 营销策略：公司产品和服务在价格、销售渠道、促销手段及促销活动等各方面拟采取的策略及其可操作性和有效性、公司对销售人员的奖励机制。

7）产品制造：生产流程、生产方式、生产设备、质量保证、成本控制。

8）管理：公司机构设置、员工持股情况、知识产权管理、劳动合同、人事计划。

9）融资说明：资金需求、资金用途、资金使用计划、拟出让股份、投资者权利、退出方式。

10）财务预测：未来3年或5年的销售收入、利润、资产回报率等。

11）风险控制：项目实施过程中可能出现的风险和拟采取的风险控制措施。

3. 公司基本情况

创新创业计划书中对公司的介绍要简洁明了，便于投资者和相关人员在短时间了解公司概况。公司基本情况可以从以下七个方面进行介绍：

1）业务性质：简单描述公司从事的主要业务，简明扼要地介绍公司的产品或服务。

2）业务发展历史：介绍公司的成立时间，公司首次生产商品或者提供首次服务的时间，公司的发展经历的重要阶段等。在介绍公司的发展历史时，应突出公司的形成过程、创意来源，要向投资者介绍公司的负责人。需要注意的是，还应说明公司所处的融资阶段。

3）业务展望：可以按照时间顺序介绍公司未来3年或5年的发展计划，同时重点突出关键的发展阶段，向投资者明确介绍公司未来的业务发展方向和业务变动趋势及理由。

4）公司组织结构：需要说明公司的所有制性质、公司的注册地点、公司经营范围、公司名字全称。除此之外，需要说明本公司是否有附属公司。如果公司拥有多家子公司或者附属机构，应用图表表示其法律关系，并应写出其所占股份的比例。

5）供应商：需要描述本公司生产所需的原材料和必要零部件等的供应商。投资者通常会联系部分或全部的供应商来验证创新创业计划书内容的真实性。

6）协作人或分包人：需要说明公司从产品生产直到销售的过程中有所有协作人或者分包人，并说明协作人或分包人的名称、协作单位地址、联系电话、协作金额等。

7）专利与商标：如果公司持有专利和商标，或是将要申请专利和商标，应对其进行描述。通过对专利和商标的表述可以展示公司的优异性。

4. 产品和服务

产品和服务是创新创业企业体现价值的载体，也是其在市场上得以站稳脚跟的关键所在。因此，创新创业公司的产品和服务应该综合考量产业技术演变和发展趋势、消费者的需求及需求发展趋势、产品和服务的基本功能及核心特点等多种因素。产品和服务的介绍一般分为以下三个部分：

（1）*产业技术演变和发展趋势*

在产业技术演变和发展趋势方面，要介绍20世纪80年代以来产业技术的发展过程，再进一步阐述其演变、进化的基本规律和特征，另外要说明近年来的主流产业技术和未来几年的产业技术发展导向。需要重点介绍的是公司在针对产业技术演变和发展趋势时所做的产品和服务的选择，说明自己的产品和服务所具有的创新和发展特点。通过对产业技术演变和发展趋势的阐述，让投资者了解创新创业企业的产品和服务，加强投资者对公司的产品和服务的信心。

（2）*消费者需求和需求发展趋势*

在分析产业技术演变和发展趋势的基础上，还应分析消费者的需求随着产业技术发展而产生的变化，尤其是其表现出的新趋势。新创企业能够实现自身价值的前提是获得消费者的认同，而获取消费者认同的重要基础是企业的产品或服务能够满足消费者的需求。消费者的需求发展趋势具有其客观规律和特征，它不是产业技术发展的衍生品，因此应对消费者需求和需求发展趋势进行系统的专业化分析。

需要注意的是，新创企业在对消费者的需求变化进行分析的时候，不能仅凭主观判断，而应该立足于真实的数据调查。

在对消费者需求和需求发展趋势进行分析的过程中，很多创业者容易将自己的主观判断当作必然，而缺少对消费者真实意愿的深入了解。因此，创新创业计划书中在对消费者需求和需求发展趋势进行阐述时应根据实际调查、提供实际数据，而不应使用简单的推论和空洞的语言。如果需要引用其他人的研究报告，需要有充足的实证基础。若是消费者需求和需求发展趋势比较特殊，对其分析需要更高的专业化要求，可以考虑聘请其他有能力有信誉的专业机构来协助完成以提升创新创业计划书的专业化水平和可信度。

（3）*产品和服务的基本功能及核心特点*

产品和服务在具有满足消费者需要的功能或使用价值时才能获得消费者的认同，因此，创新创业计划书需要详细地阐述企业的产品和服务的功能或使用价值。创业者需要对表现产品和服务性能的主要指标（如灵敏度、使用寿命、稳定性等）进行详细的介绍，并将其与市面上的其他类似产品和服务进行比较，使投资者能够准确、清晰地了解产品和服务的优势与独特之处。

对于一些基于技术创新的产品和服务，创业者需要介绍产品和服务的主要创新点,并介绍该创新能给消费者带来的影响以及该创新的优势。因为通过技术创新一般可以提升产品和服务的性能、改进产品的质量、降低产品和服务的成本。创业者需要通过对于技术创新产品和服务的介绍让投资者了解企业的产品和服务。除此之外,应将创新产品和服务与市场上同类产品和服务进行对比,说明基于技术创新的本产品和服务能为消费者提供的便利及创造的价值,并说明这些便利和价值构成本企业产品和服务的突出特点。

5. 市场分析和营销计划

在对产品和服务进行描述后,一般要进行市场分析。创新创业计划书中的市场分析需要重点描述企业的市场细分、目标市场选择、消费者行为、竞争对象分析、产品和服务的销售额和市场份额预测。创新创业计划书中的营销计划则要重点阐述公司产品或服务的典型营销职能,它包含产品或服务的营销策略、定价、促销、渠道等信息。

(1) 市场分析

创新创业计划书中的市场分析可以帮助投资者了解公司企业的性质。市场分析应首先界定目标市场,以及目标市场是已有的客户还是新开发的客户。针对不同的市场和不同的客户应采用不同的营销方式。目标市场确定后,应根据目标市场确定产品或服务的上市、促销方式、定价、预算等。

1) 市场细分。市场细分就是将市场按照相同表现或相似需要划分为不同的类别。创业者可以通过地理因素、人口因素、行为因素、产品种类等多种方式对市场进行细分,也可以对具体的市场细分进行多维度深入分析,以便更好地服务独特的细分市场。市场细分可以帮助企业有效和高效地接触不同种类的市场。

2) 目标市场选择。在市场细分之后需要确定目标市场。在评估不同细分市场的过程中,企业需要考虑三种因素,即细分市场的大小和成长性、细分市场的结构吸引力、企业的目标和资源。若企业没有预先对目标市场做好打算,一般会选择最具前景的细分市场作为目标市场,但最具前景的细分市场可能由于其核心竞争力或者其他因素与创业者的目标不一致而最终未被确定为企业的目标市场。在进入具体的目标市场前,企业应评估目标市场的规模,研究其对于市场发展趋势的影响以确保该目标市场具有足够的规模以及长远的发展前景。

3) 消费者行为。在市场分析中必须对消费者的行为进行分析。大多数的企业会通过详细的调查评估、分析消费者的购买行为,了解消费者想要买什么、想在哪里买、需要买多少、在什么时候买、为什么要买等问题。创新创业计划书中需要对消费者行为的相关调查与分析进行阐述。

4）竞争对象分析。竞争对象分析是有关企业面临竞争的详细分析。创业者需要对当前和未来的竞争对象、竞争对象的优势和劣势、本企业的优势、本企业优于竞争对象的条件等方面进行分析。通过竞争对象分析，企业可以明确主要的竞争对象的相关信息，也可以向投资者或相关人员证明创业者对企业所处的竞争环境已全面掌握。竞争对象分析需要确定竞争对象，明确直接竞争对象、间接竞争对象、潜在竞争对象，同时还要说明本企业的竞争优势。

5）产品服务的销售额和市场份额预测。市场分析的最后一部分主要是预估企业产品服务的销售额和市场份额。新创企业可以选择多种方式进行销售额和市场份额的预估，并尽可能地保证预估结果具有现实性和可操作性。

(2) 营销计划

创新创业计划书的营销计划主要包含四部分内容：总体营销策略、定价策略、促销组合及营销渠道与销售。

1）总体营销策略。总体营销策略作为创新创业计划书营销计划的整体基调，应放在营销计划的开始。企业总体营销策略是其对目标市场理解的反映，也是其对产业分析和市场分析的理解。好的总体营销策略可确保企业各种营销活动在其下有条不紊地开展，且能帮助企业更加高效地分配和使用资源。

2）定价策略。创新创业计划书中需要阐述企业的产品或服务定价。价格是企业经营的重要因素，价格决定企业的经营利润，因而创新创业计划书中需要对产品或服务的定价方法、定价理由进行解释。需要注意的是，产品或服务的价格需要根据市场情况合理确定，而不能仅仅通过低廉定价获取市场份额；虽然低价可能会获得高销量额，但是很有可能不能为企业带来足够的利润，并且大部分消费者都会不自觉地将产品或服务的质量与价格挂钩，因而一味地制订低价可能不仅不能使企业盈利，还会给消费者传递企业产品或服务质量不佳的信息。

3）促销组合。促销组合即企业在市场营销活动中，按照计划和目标将广告、营业推广、人员推销和公共关系等这些具体的促销方式综合结合起来，组成一套最优促销策略。创新创业计划书在阐述促销组合时，应系统描述企业所有促销活动进行协调、配合的方式，并将产品或服务的优势表现出来，最大限度地发挥出促销组合的组合效果。

4）营销渠道与销售。营销渠道即由一些独立经营和相互联系的组织构成的增值链。企业的产品或服务通过营销渠道的增值作用可以变得更具独特性和吸引性，能够更贴合消费人群的需求。创业者需要在创新创业计划书中说明本企业的销售渠道和销售计划，新创企业更应该确定目标消费者的常见消费地点，以最经济、最有效的方式选择销售渠道展示自己的产品或服务。在这部分内容中创业者还应说明企业是否要培育自己的销售力量。若企业需要招聘销售人员，则应介绍所需初始销售人员数量，企业发展过程中销售人员人数变动情况以及销售人员的报酬。

6. 管理团队和组织结构

（1）管理团队

创业成功的核心之一是强有力的企业管理队伍。创新创业计划书中关于管理团队的介绍主要可以分为以下三部分：

1）创业者及其团队。创业者是整个创新创业团队的灵魂。企业建立初期及发展的过程中，创业者要发挥至关重要的领头导向作用。因此，在该部分需要介绍创业者的教育经历、职业经历、年龄、性别、擅长领域、主要工作成绩、创业背景、创业动机、对于企业发展的愿景。除此，该部分还需要介绍创新创业团队核心成员的信息，包括其年龄、性别、工作经历、擅长领域、主要工作成绩、在新创企业中担任的职位或负责的工作。若创业团队核心成员持有企业股份，还应注明每个核心成员持有的股份比例。

2）董事会成员、技术及管理骨干。若已建立公司董事会，则需要介绍董事会成员、技术骨干及管理骨干，包含姓名、职务、年龄、主要工作背景等信息，帮助投资者或相关人员深入了解企业的组织结构。

3）人力资源发展规划。创新创业计划书还应考虑人力资源发展规划。人力资源发展规划主要包含各部门人才需求计划、招聘培训人才计划、企业报酬体系、员工分红及认股权利。在面向社会筹集资金的情况下，一定要明确期股、期权等激励股份的来源，也就是单纯从企业创业团队原有股份割让，或是创业团队与投资者共同承担，还是在企业重新估值后留下一部分。

（2）组织结构

创新创业计划书中应明确管理目标企业当前的组织结构以及企业发展过程组织结构的变化。企业的组织结构属于企业内部互相作用和影响的细节问题，但对于企业内部信息交流和工作分配十分重要，它是企业平稳运行的关键问题。

7. 运营计划与产品或服务开发计划

运营计划与产品或服务开发计划部分主要需要说明企业如何生产产品，如何提供服务，如何经营企业。创业者在进行运营计划与产品或服务开发计划阐述时，应将重点放在企业经营的大局上，对于每一小部分介绍应简短精炼。

（1）运营计划

运营计划一般包括运营模式、商业区位、设施与设备、运营战略和计划。

1）运营模式。运营模式需要说明企业的运营细节，但只需描述主要问题。

创业者可根据最重要的问题以及关系成败的问题来说明运营的一般途径,也可以通过运营流程图的方式在创新创业计划书中表述公司的运营模式。

2) 商业区位。商业区位是描述企业的地理位置。商业区位对某些企业来说至关重要,因此,创业者需要在创新创业计划书中解释企业选择商业区位的理由。

3) 设施与设备。创新创业计划书中应列出最重要和最主要的设备和设施,并简单地描述这些设备和设施的获取渠道。

4) 运营战略和计划。运营策略是长远的战略性问题。创业者需要根据运营流程图来介绍已经做出的选择和即将做出的计划。

(2) 产品或服务开发计划

假如企业正在开发全新的产品或服务,则创新创业计划书中需要体现产品或服务的开发情况。对于新创企业而言,建立产品的制造原型并不足够,还应制订提高产品生产以达到融资计划中销售估计量的可靠计划。产品或服务开发计划通常包括开发情况和任务、挑战与风险、成本以及知识产权等。

1) 开发情况和任务。创业者需要在创新创业计划书中制定产品或服务开发步骤的时间表。同时,应说明产品或服务实际的批量销售与总的产品或服务开发计划的距离,这有助于投资者或相关人员了解企业的风险程度。

2) 挑战与风险。挑战与风险部分要揭示产品推向市场后可能遇到的设计与开发的挑战和风险。在创新创业计划书中阐述可能的挑战与风险可以帮助投资者或相关人员了解预估的挑战和风险给产品开发、生产成本以及产品推向市场的时间表带来的影响。除此之外,本部分还应说明预估挑战与风险发生的途径,预计采取的避免或者应对挑战与风险的方法。

3) 成本。成本即产品或服务推向市场所需要的设计和开发预算,其包含原材料成本、劳动力成本、产品成型费用、咨询相关费用、可用性测试费用等。因设计和开发费用超过预算也是上一部分挑战与风险所揭露的风险之一,所以本部分应说明费用超过预算会对企业总现金流和财务稳定性造成的影响。

4) 知识产权。知识产权即企业已经保护或计划保护的与正在开发的产品或服务有关的专利、商标、版权或商业机密。

8. 财务规划

流动资金是企业的生命线,因此企业在初创或者扩张时,应对流动资金预先制订详细的规划并对其流动过程进行严格控制。财务规划一般要说明企业目前财务情况、企业如何分配投资人的资金、企业财务资源管理方式等方面的相关规划。通过财务规划的介绍,投资者或相关人员可以预估企业在未来经营过

程中的财务损益情况,判断投资获取预期回报的情况。财务规划主要包括以下三个方面:

(1) 预编资产负债表

预编资产负债表的目的在于判断预算反映的企业财务状况的稳定性和流动性。如果通过对预编资产负债表的分析,发现某些财务比率不佳,必要时可修改有关预算,以改善财务状况。

(2) 预编利润表

预编利润表是以货币为单位,用本期期初资产负债表,根据销售、生产资本等预算的有关数据加以调整编制的,该表能全面综合地表现预算期内企业经营成果的利润计划。预编利润表既可以按季编制,也可以按年编制,是全面预算的综合体现。

(3) 预编现金流量表

预编现金流量表是用来说明预期现金流入与现金流出的数量和时间安排。在第1年应制定企业每个月的现金流量表,直到出现正现金流量,之后的2年应按照季度制定现金流量表,最后按照年度制定现金流量表。通过此种方式突出某一特定阶段的预期销售额和资本费用,可以强调进一步融资的需求和时机以及对营运资金的要求。

财务规划的另一个重要组成部分是盈亏平衡分析,盈亏平衡分析可以说明为补偿所有成本所需要的销售和生产水平。盈亏平衡分析包括随生产量变化的成本(如制造、劳动力、原材料、销售额等)和不随着生产量变化的成本(利息、工资、租金等)。

创新创业计划书的财务规划部分应该为潜在投资者提供一份清晰的规划蓝图,应该向潜在投资者阐述新创企业如何分配使用现有的资源、在经营过程中获取的资源以及投资者投资的资源。

投资者一般会关注下列问题:①投资者所关注预计的风险投资的金额,创业者希望从投资者处获取投资的额度,创业者希望投资的实现形式,如贷款、出售债券或是出售普通股、优先股等;②投资者所关注企业未来的筹资资本结构的安排与未来的债务情况说明;③投资人需要了解的获取风险投资的抵押和担保条件,要具体到抵押物、担保人和担保机构;④投资者会关注投资收益和未来再投资的安排;⑤投资人需要了解的投资后双方对企业所有权的比例;⑥投资者所关注投资资金的收支安排以及财务报告的编制,包括编制的种类及周期;⑦投资者需要了解的投资者可以介入企业经营管理的程度。

9. 风险分析

风险分析的内容主要包括对企业各种风险隐患、风险大小以及创业者将采取的降低和防范风险的措施的说明。风险分析具体包括：

1) 创业者自身不足，包括技术不足、管理能力不足、缺少经验等。
2) 企业自身条件限制，包括资源限制、管理条件限制、生产条件限制等。
3) 财务收益不确定性。
4) 市场不确定性。
5) 技术产品开发不确定性。
6) 对于企业可能存在的每一种风险，企业的风险控制与防范的对策或措施。

对于企业可能面临的各种风险，创业者应采取客观、实事求是的态度，不能因为其产生的可能性小而忽略不计，也不能为了增大获得投资的机会而故意缩小甚至隐瞒风险因素，而应该对企业所面临的各种风险都认真地加以分析，并针对每一种可能发生的风险做出相应的防范措施，这样可以取得投资者的信任，也有利于引入投资后双方的合作。

10. 投资回报及退出

在了解了创业者的创业构想和规划后，投资者还需了解两个信息：一是投资者可获得的投资回报，二是投资资金如何退出。因而，创业者需要对企业未来上市公开发行股票的可能性、出售给第三方的可能性及自己将来是否在无法上市或出售时回购投资者股份的可能性给予充足的预测，每一种可能性都需要让投资者了解其回报率。

投资者收回投资一般有公开上市、兼并收购和偿付协议三种方式，创业者需要对这三种方式进行阐述，并且说明最可能的投资退出方式。

(1) 公开上市

企业公开上市后，公众可以购买其股份，投资者所持有的部分或全部股份可以全部卖出。

(2) 兼并收购

兼并收购方式是指将企业出售给另一家大公司或者某个大集团。若企业选择这种方式，则需要在创新创业计划书中提及几家对本企业感兴趣并且有可能收购本企业的大公司或大集团。

(3) 偿付协议

偿付协议方式是指创业者可以为投资者提供"偿付安排"，在偿付安排中，投资者可要求企业根据预先商定好的条件回购其手中的权益。

11. 附录

创新创业计划书的正文主要包含重要的信息，应相对简短，因此其他项目可放入单独的附录中。附录包含的典型项目有详细的财务规划、创业者与高层管理团队及其他成员的完整简历等。通过附录中的这些信息，创业者可以最大限度向投资者或相关人员展示企业的有关重要信息。

7.3 创新创业计划书的撰写技巧与展示技巧

7.3.1 创新创业计划书的撰写技巧

一般情况下，投资者会对创业者提出创新创业计划书的具体要求，有些投资者甚至会提供标准的模板，创业者想要更好地吸引投资者，应尽可能在给定的模板条件下展示出自己的特色。

1. 封面/标题页

一份简约美观且具有企业特色的创新创业计划书是新创企业展示自己的第一步。制作封面时需要注意两点：

1）封面设计应简约、大方，采用引人注目、明快的颜色，使用的纸张应厚实、优良。一般封面中部标明新创企业特有的标识，底部标注企业名称。

2）标题应醒目且直观，具有吸引力的同时要更具有可信度。标题内容应该标明计划名称、创新创业企业名称等内容。

2. 内容简介

创新创业计划书的内容简介一般放在标题页之后，正文之前。撰写内容简介时应把握以下四个要点：

1）文字精炼。投资者在拿到创新创业计划书时，首先要进行筛选。筛选阶段，投资者对创新创业计划书只会做大致浏览。通常情况下，项目经理或者是投资机构的主要负责人也就花费5~10分钟浏览标题页和内容简介，因此内容简介一定要精练，且标题页和内容简介页应尽量控制在3~6页。

2）创业者需要准确地概括整个创新创业计划，将创新创业计划的标志性内容如核心业务、中心思想、创新创业企业的机遇、市场发展趋势、商业模式中的价值创造逻辑、创新创业企业的核心资源等准确表达出来。

3）保证清晰、简单且要点突出。要用精炼且简洁的语言表达思想，使人易于理解。

4）创业者应详细阐述新创企业的现金流，指出资金需求和可能回报，并应说明费用和收入等信息，使创新创业计划书投资者感受到创新创业计划书具有高度可操作性且内容真实可信。

3. 目标定位

创新创业计划书中需要描述发展目标的定位，在制定新创企业目标时，应注意以下四点：

1）创新创业企业发展目标须和创业者及其团队的人生目标相协调。通常，投资者会从两方面来考察新创企业的发展目标定位：一方面是创新创业企业的发展前景、价值创造能力和回报能力；另一方面是创业者及其团队对于事业的追求程度。因此，创新创业计划书中需要展示出包含量化收入、利润指标、企业行业地位、社会使命等方面的发展目标，并且保证发展目标和创业者及其团队的人生目标相协调。

2）不断优化发展目标，保证发展目标切实可行。新创企业应科学、合理地制订发展目标，并对发展目标进行分析论证，不断地对目标进行优化和调整，确保发展目标可行。

3）协调长期目标与短期目标、定量指标与定性指标间的关系。长期目标要能够反映企业未来发展规划，且可以向投资者展示新创企业长期绩效的情况。长期绩效是基于持续的、可操作的短期目标实现的，因此创新创业计划书中需要阐述企业短期目标，尤其是企业发展一年的目标。具体表述时，要展示一些定量指标，如公司规模、盈利能力等，还要展示一些定性指标，如公司市场影响力、公司在行业中的地位、公司的技术发展水平等。

4）目标定位应保留适当弹性。新创企业在发展过程中可能会遇到很多不确定性因素，无法保证实际发展过程和企业目标定位完全一致，因此，创新创业的目标定位应留有一定弹性，使其处在诸多利益主体可以接受的范围之内。

4. 打印装订

创新创业计划书在打印装订时应遵循不求奢华、但求专业的原则。创新创业计划书字体的选择、内容的排版等，都要体现出新创企业的专业和认真，打印时要控制好页边空白，这样可以方便投资者在空白处做批注。

7.3.2 创新创业计划书的展示技巧

创新创业计划书完成之后，创业者就要开始准备展示和介绍创新创业计划书。因此，口头表达的情况对推介创新创业计划书和筹集资金至关重要。

创新创业计划书的展示主要包括前期准备、创新创业计划演示和访谈三个环节。

1. 前期准备

通常情况下，创业者需要通过口头表达的方式来介绍创新创业计划书。口头表达的要点在于开门见山，快速切入主题，恰到好处地介绍创新创业项目。需要注意的是创业者应提前构思内容，使其结构具有完整性和逻辑性，并力求表达风格应轻松、灵活，口头表达时可以根据实际情况灵活增减表述内容，不要死记硬背。

创业者在进行前期准备时，应首先练习自己的表达能力，力求言简意赅，可以采取一分钟即兴介绍企业业务、三分钟即兴介绍企业未来发展规划的方式练习。其次，创业者应提前了解和分析创新创业计划书的展示对象。很多创业者会认为只要能激发听众的热情就相当于完成了一份精彩的发言。而实际上，精彩发言的基础在于对听众的调研。创业者应提前了解听众最感兴趣的创新创业项目类别、听众年龄层、听众背景等信息，据此在创新创业计划书的表达过程中增加吸引听众的内容，以增强创新创业计划书的表达效果。

通常一场推介会的时间为一个小时，创业者应在 20 分钟内完成创新创业计划书的阐述，留出充足的时间和参会人员进行交流讨论。因此，在推介会之前，创业者应反复斟酌，最好使陈述内容集中在 10 张幻灯片中，并反复进行口头表述演练，控制好表述时间。

2. 创新创业计划演示

创新创业计划演示是展示创新创业计划书的重要环节，也是投资者考察创业者的关键环节。在做好前期准备工作，如对方可能询问的问题、演示过程中可能出现的意外、信息调查与分析后，就进入创新创业计划书的实质展示阶段。

在演示刚开始时，创业者可以将询问自己能够占用的表述时间、简短表达自己对推介对象的尊重以及乐于交流的意愿作为自己的开场，给推介对象带来良好印象并且带动推介对象的参与积极性。在创新创业计划书的演示过程中，创业者应做到逻辑清晰，重点突出听众感兴趣的内容。

3. 访谈

访谈是创新创业计划推介的重要环节之一。在创新创业项目初步审查之后将进行创业者访谈。对创业者访谈主要是为了了解创业者的综合素质、核实创新创业计划书中提及的关键内容、创业者可以接受的投资方式和退出途径、投资者能参与创业企业管理的程度。

对于访谈，创业者应注意以下三点内容：

1）创业者应制订访谈计划，确定访谈的最低目标、中间目标、最高目标，挑选合适的谈判时间和地点，选择参与谈判的人员并对其工作进行分配。

2）创业者应对访谈做好心理准备。访谈过程中，创业者可能面临大量的提问，如投资者对于创新创业计划书的核实、需要做出的妥协与让步等情况。

3）创业者在访谈过程中应掌握一定的谈判技巧。如访谈过程中应多听、多问、少说；通过暗示的方式展现企业的实力等。

7.4 创新创业计划书的评估

投资机构或者投资者在进行风险投资前，都会对创新创业计划书进行科学、严谨的评估，因此，创新创业计划书的内容和格式能否顺利通过评估是获得投资的关键。

1. 创新创业计划书的评估者

创新创业计划书的评估者是创新创业计划书的特殊读者，因为不管他们是否与创新创业计划书的编制者或研究者有何种关系，他们都可以对创新创业计划书进行评估。创业者需要特别留意以下三类评估者：

（1）潜在投资者

潜在投资者最为关心三个问题：第一，创新创业项目的发展前景和商业价值；第二，投资者可以获取的利益；第三，创业团队主要成员的工作经验、学历背景、已有业绩。

（2）创业者渴望的合作对象

创业者渴望合作的对象最关心的是创新创业计划的前景以及他们在创新创业团队中的地位和利益。

（3）供应商

创业者向供应商展示的创新创业计划书应使其对企业的盈利能力有信心，相信企业有足够的偿债能力，这也是企业获得供应商赊账供给的可行方法。

2. 创新创业计划书评估的重点内容

评估者在对创新创业计划书进行评估时，最关注以下内容：

1）创新创业团队成员构成的合理性及其优缺点。

2）新创企业的产品或服务的市场发展前景。包括市场对该产品或服务需求的明显性与潜在性；凭借该产品或服务开展市场或拓展市场的可操作性；与市场同类产品或服务或者相似产品或服务进行比较，该产品或服务具有的优势和特点；该产品或服务的市场发展趋势与速度，是否有可能形成产品链；产品或服务要进入市场或者进入市场后可能遇到的生产能力限制、技术限制等。

3）新创企业所使用技术的先进性。特别是所使用技术的功能先进性，其相关技术参数、费用参数、技术的市场生命周期；使用的技术的成熟程度；与市场已有技术或相似技术对比，创新创业企业使用的技术是否具有优势或先进性。

4）特殊资源的可保障程度。主要是创新创业项目初始启动需要的资金、原材料、人才需求、营销渠道、社会关系能否满足项目要求；创业者已有资源是否保持。

5）财务收益与股东回报。评估者主要关心三方面的收益与回报：第一是项目整体的收益，也就是创新创业项目可能获得的利润以及利润增长前景；第二是股东回报，即投资者可以得到的收益；第三是创业者可能得到的收益。

第 8 章 安全生产领域（行业）创新创业实践

安全生产领域的创新创业项目很多，国家也鼓励各类第三方机构开展技术咨询服务工作。第十三届全国人民代表大会常务委员会第二十九次会议于 2021 年 6 月 10 日通过第三次修正的《中华人民共和国安全生产法》，该法第十五条提出，依法设立的为安全生产提供技术、管理服务的机构，依照法律、行政法规和执业准则，接受生产经营单位的委托为其安全生产工作提供技术、管理服务。由此可见，安全生产工作日益受到重视，对安全工程专业的大学生来说，这是创新创业的良好契机。本章在分析和讨论安全工程专业发展趋势和毕业生就业情况、创新创业对安全工程专业大学生的基本要求后，再对我国安全生产领域（行业）目前比较常见的可进行创新创业的项目进行介绍。

8.1 安全工程专业发展趋势及毕业生就业情况

安全工程专业发展趋势呈现为两大方向，即"大安全"与行业安全。"大安全"即学术型培养方向，其培养方案建立在通用安全基础知识体系上，学生通过专业主干课程掌握安全科学原理，通过其他专业课熟悉行业专业知识，侧重培养精准通用型安全人才，且随着学位层次提高，其所学课程应越具有相对通用性；行业安全即应用型培养方向，以化工、矿山、建筑、海事等行业背景为依托，其培养方案在专业基础课、专业主干课程和选修课上都具备行业特色，侧重培养行业型管理或技术安全人才。此外，随着社会科学技术的不断发展，"大安全"与行业安全这两大培养方向都将朝现代化、智能化纵深发展。

从安全生产人才市场需求来看，截至 2020 年，国内安全生产各类人才缺口达到 440.7 万，其中，安全生产高技能人才和企业安全生产管理人才最为稀缺。

我国目前开设安全工程本科专业的学校约有 170 所（含本一、本二）。由于国家对安全生产工作一直非常重视，提出"三管三必须"方针，即管行业必须管安全、管生产必须管安全、管业务必须管安全，并且要求"党政同责、一岗双责"，再加上比较严峻的安全生产态势，政府应急管理部门和企业对安全工程专业人才的需求很大，该专业毕业生的就业率很高。另外，安全设备研发、安全技术咨询服务的行业需求也越来越多，促使安全产品研发企业特别是安全技术服务第三方机构雨后春笋般涌现，一些安全工程专业的毕业生（含硕士、博士研究生）毕业后开始创新创业活动，大大缓解了政府应急管理力量不足和企业安全生产技术及管理水平不足的压力，同时也减轻了社会就业压力。

8.2 创新创业对安全工程专业大学生的基本要求

随着科技的发展，行业的竞争，社会对人才的需求提出了更高要求，创新能力越来越成为决定一个国家、民族前途和命运的重要因素。知识经济的核心就是创新。创新型人才是企业未来成功的关键。安全工程专业旨在培养服务于区域经济建设和工业生产发展的应用型高级工程技术人才，能够从事安全工程领域的研究开发与设计、风险分析与评价、安全管理和监察工作。从创新创业的角度来说对于安全工程专业大学生的知识结构、能力和素质的基本要求介绍如下。

8.2.1 拥有人文、科学、专业以及社会经济方面的合理知识结构

（1）人文社会科学知识基础知识

1）经济学、社会学、哲学和历史等社会科学知识。

2）风险识别、基于数据和知识、概率以及统计学的风险管理与控制理论。

3）社会、经济和自然界的可持续发展知识。

4）政治、法律法规、资金机制方面的公共政策和管理知识。

（2）自然科学知识

1）掌握作为工程基础的高等数学和工程数学。

2）了解现代物理、化学、信息科学、环境科学的基本知识。

3）了解当代科学技术发展的其他主要方面和应用前景。

（3）工具性知识

1）熟练掌握英语，具有一定的英文写作和表达能力。

2）了解信息科学基础知识，掌握文献、信息、资料检索的一般方法。

3) 掌握计算机基本理论、高级编程语言和相关软件应用技术。

4) 掌握工程制图的基本原理。

(4) 专业知识

1) 掌握工程流体力学的基本原理和分析方法。

2) 掌握工程材料的基本性能和应用。

3) 掌握化工工艺和设备的基础理论及工程设计知识。

4) 掌握工业生产过程中的安全技术与管理、安全评价、职业健康的基本理论和基本技能。

5) 掌握安全技术管理、事故分析和灾害预防与控制、安全评价、火灾爆炸事故分析和灾害预防与控制的基本知识。

(5) 社会发展和相关领域科学知识

1) 了解与本专业相关的职业和行业的生产、设计、研究与开发的法律、法规和规范。

2) 了解化学工程、化工过程机械设备、火灾科学、土木工程、建筑设备的基本知识。

3) 了解本专业的前沿发展状况和趋势。

8.2.2 具备终身学习、实践创新、交流合作、组织协调等基本能力

(1) 终身学习和知识应用能力

1) 具备利用多种方法查询文献、获取信息的能力。

2) 能从实践中发现问题、全面了解问题。

3) 能够定义问题的相关因素、进行定性分析,并提炼问题。

4) 能够建立模型,采用理论分析、实验等手段对问题进行具体分析。

(2) 工程实践能力

1) 掌握解决工程问题的先进技术方法和现代技术手段。

2) 具有解决工业生产中实际安全问题的能力。

(3) 开拓创新能力

1) 具有创造性思维能力,初步养成大胆探索解决问题新思路的习惯。

2) 具有较强的创新意识和进行安全工程项目设计、技术改造与创新的基本能力。

(4) 交流合作与竞争能力

1) 具有较强的文字表达能力、语言表达能力和交流能力。

2) 具有国际视野和多学科领域以及跨文化背景的交流、合作和竞争能力。

(5) 组织协调能力

1) 具有较强的系统性思维能力,懂得权衡、判断与平衡。

2) 具有组织能力和工作协调能力。

3) 具有应对各类危机和突发事件的初步能力。

8.2.3 养成良好的人文、科学与工程素质

(1) 养成良好的人文素质

1) 树立科学的世界观和正确的人生观,愿为国家富强、民族振兴及安全事业发展做贡献。

2) 具有高尚的道德品质,能在处理复杂安全工程问题中做出合适的伦理道德判断。

3) 具有较高的人文、艺术素养。

(2) 具有良好的科学素质和创新能力

1) 具有严谨求实的科学精神。

2) 养成能够反映安全工程问题特点的科学思维方式。

3) 具备通过抽象化、系统化等科学方法解决复杂安全工程问题的基本能力。

4) 具有创造性思维,初步养成大胆探索分析问题、解决问题的能力。

(3) 具备良好的工程素质

1) 具有在实施安全工程过程中注重环境保护、生态平衡和可持续发展的强烈社会责任感。

2) 具备对集体目标和团队利益负责的职业精神,能够主动通过分工协作解决综合性复杂安全工程问题。

3) 具有良好的心理素质,勇于承担责任,能够应对复杂安全生产实践中的危机和挑战。

4) 具有较强的创新意识和进行安全工程项目设计、技术改造与创新的基本能力。

8.2.4 个人专业能力提升的途径

由于大学生在校期间的学习,其专业能力尚不能支撑创新创业活动以及胜任本岗位工作,因此需要进行专业能力的提升。

1) 专项培训。专项培训就是指对于某一特定技能给予的培训。一般情况下

是企业为了留住人才而开出的条件,但是,这种情况下,企业都会要求员工签一份比较长的合同,同时若员工违约还应缴纳一定的违约金,以防员工反悔。我国相关法律如《中华人民共和国劳动法》《中华人民共和国劳动合同法》等对员工离职进行了相关规定。

创新创业企业对员工的培训是企业长期发展极其重要的一部分,有效的培训可以增强企业的组织核心能力,加强团队协作互助,端正员工工作态度,提升员工专业技能,提升员工工作绩效,从而增加企业的竞争力。

安全生产领域(行业)的专项培训有三级教育、安全管理培训等。通过培训使职工进一步了解安全生产领域(行业)的相关知识,在安全意识和行动上都能有更好的提升。

2)参加相关学术会议。安全生产领域(行业)的相关从业人员可以通过参加国内外的安全学术会议来提高自身的专业能力,了解学科前沿,增强创新意识和能力。

3)参加应急管理部安全工程专业人才高级研修班的学习,一方面可以加强专业知识的学习,另一方面可以与同行交流,掌握更多的信息和创新创业机会。

4)继续教育、攻读硕士博士(学历提升教育)。

5)参加能力水平提升培训班的学习(非学历教育)。

6)参加注册安全工程师、注册消防工程师、安全评价师等国家执业(职业)资格考试。

7)"拜师"学习,熟悉工艺、设备、营销策略、产品开发、技术服务等。

8.3 安全评价及其方法创新与应用

8.3.1 安全评价的定义

安全评价(也称为风险评价)是以实现工程、系统安全为目的,应用安全系统工程的原理和方法,对工程、系统中存在的危险、有害因素进行识别与分析,判断工程、系统发生事故和急性职业危害的可能性及其严重程度,提出安全对策和建议,从而为工程、系统制定防范措施和管理决策提供科学依据。

8.3.2 安全评价的目的

安全评价的目的是查找、分析和预测工程、系统存在的危险、有害因素及可能导致的危险、危害后果和程度,提出合理可行的安全对策措施,指导危险源监控和事故预防,以达到最低事故率、最少损失和最优的安全投资效益。安全评价可以达到以下目的:

1. 提高系统本质安全化程度

通过安全评价,对工程或系统的设计、建设、运行等过程中存在的事故和事故隐患进行系统分析,针对事故和事故隐患发生的可能原因事件和条件,提出消除危险的最佳技术措施方案,特别是从设计上采取相应措施,设置多重安全屏障,实现生产过程的本质安全化,做到即使发生误操作或设备故障时,系统存在的危险因素也不会导致重大事故发生。

2. 实现全过程安全控制

在系统设计前进行安全评价,可避免选用不安全的工艺流程和危险原材料及不合适的设备、设施,避免安全设施不符合要求或存在缺陷,并提出降低或消除危险的有效方法。在系统设计后进行安全评价,可查出设计中的缺陷和不足,及早采取改进和预防措施。在系统建成后进行安全评价,可了解系统的现实危险性,为进一步采取降低危险性的措施提供依据。

3. 建立系统安全的最优方案,为决策提供依据

通过安全评价,可确定系统存在的危险及其分布部位、数目,预测系统发生事故的概率及其严重度,进而提出应采取的安全对策措施等。决策者可以根据评价结果选择系统安全最优方案和进行管理决策。

4. 为实现安全技术、安全管理的标准化和科学化创造条件

通过对设备、设施或系统在生产过程中的安全性是否符合有关技术标准、规范相关规定的评价,对照技术标准、规范找出存在的问题和不足,实现安全技术和安全管理的标准化、科学化。

8.3.3 安全评价的意义

安全评价的意义在于可有效地预防事故的发生,减少财产损失和人员伤亡。安全评价与日常安全管理和安全监督监察工作不同,安全评价是从系统安全的角度出发,分析、论证和评估可能产生的损失和伤害及其影响、严重程度,提出应采取的对策措施等。

1. 安全评价是安全管理的必要组成部分

"安全第一，预防为主，综合治理"是我国的安全生产方针，安全评价是预测、预防事故的重要手段。通过安全评价可确认生产经营单位是否具备必要的安全生产条件。

2. 有助于政府安全监督管理部门对生产经营单位的安全生产实行宏观调控

安全预评价能提高工程设计的质量和系统的安全可靠程度；安全验收评价是根据国家有关技术标准、规范对设备、设施和系统进行的符合性评价，能提高安全达标水平；安全现状评价可客观地对生产经营单位的安全水平做出评价，使生产经营单位不仅了解可能存在的危险性，而且明确了改进的方向，同时也为应急管理部门了解生产经营单位安全生产现状、实施宏观调控打下基础；专项安全评价可为生产经营单位和政府应急管理部门的管理决策提供科学依据。

3. 有助于安全投资的合理选择

安全评价不仅能确认系统的危险性，而且能进一步预测危险性发展为事故的可能性及事故造成损失的严重程度，分析系统危险可能造成负效益的大小，合理地选择控制措施，确定安全措施投资额度，从而使安全投入和可能减少的负效益达到合理的平衡。

4. 有助于提高生产经营单位的安全管理水平

安全评价可以使生产经营单位安全管理变事后处理为事先预测、预防。传统安全管理方法的特点是凭经验进行管理，多为事故发生后再进行处理。通过安全评价，可以预先识别系统的危险性，分析生产经营单位的安全状况，全面地评价系统及各部分的危险程度和安全管理状况，促使生产经营单位达到规定的安全要求。

安全评价可使生产经营单位安全管理变纵向单一管理为全面系统管理。安全评价使生产经营单位所有部门都能按照要求认真评价本系统的安全状况，将安全管理范围扩大到生产经营单位各个部门、各个环节，使生产经营单位的安全管理实现全员、全方位、全过程、全天候的系统化管理，达到"一岗双责 管业务必须管安全"的目的。

安全评价可以使生产经营单位安全管理变经验管理为目标管理。安全评价可以使各部门、全体职工明确各自的安全目标，在明确的目标下，统一步调、分头进行，按照目标管理"总分合"原则使安全管理工作做到科学化、统一化、标准化。

5. 有助于生产经营单位提高经济效益

安全预评价可减少项目建成后由于安全要求引起的调整和返工建设；安全

验收评价可将潜在的事故隐患在设施开工运行前消除；安全现状评价可使生产经营单位了解可能存在的危险，并为安全管理提供依据。生产经营单位的安全生产水平的提高无疑可带来经济效益的提高，使生产经营单位真正实现安全生产和经济效益的同步增长。

8.3.4 安全评价的相关法律要求

《中华人民共和国安全生产法》第三十二条规定，矿山、金属冶炼建设项目和用于生产、储存、装卸危险物品的建设项目，应当按照国家有关规定进行安全评价。

该法第七十二条规定，承担安全评价、认证、检测、检验职责的机构应当具备国家规定的资质条件，并对其做出的安全评价、认证、检测、检验结果的合法性、真实性负责。资质条件由国务院应急管理部门会同国务院有关部门制定。

该法第九十二条规定，承担安全评价、认证、检测、检验职责的机构出具失实报告的，责令停业整顿，并处三万元以上十万元以下的罚款；给他人造成损害的，依法承担赔偿责任。承担安全评价、认证、检测、检验职责的机构租借资质、挂靠、出具虚假报告的，没收违法所得；违法所得在十万元以上的，并处违法所得二倍以上五倍以下的罚款，没有违法所得或者违法所得不足十万元的，单处或者并处十万元以上二十万元以下的罚款；对其直接负责的主管人员和其他直接责任人员处五万元以上十万元以下的罚款；给他人造成损害的，与生产经营单位承担连带赔偿责任；构成犯罪的，依照刑法有关规定追究刑事责任。对有前款违法行为的机构及其直接责任人员，吊销其相应资质和资格，五年内不得从事安全评价、认证、检测、检验等工作；情节严重的，实行终身行业和职业禁入。

《建设项目安全设施"三同时"监督管理办法》（国家安全监管总局36号令，77号令修订）第八条规定，生产经营单位应当委托具有相应资质的安全评价机构，对其建设项目进行安全预评价，并编制安全预评价报告。建设项目安全预评价报告应当符合国家标准或者行业标准的规定。生产、储存危险化学品和化工建设项目的建设项目安全预评价报告除符合第八条第二款的规定外，还应当符合有关危险化学品建设项目的规定。该办法第二十二条规定，该办法第七条规定的建设项目安全设施竣工或者试运行完成后，生产经营单位应当委托具有相应资质的安全评价机构对安全设施进行验收评价，并编制建设项目安全验收评价报告。

国家安全生产监督管理局、国家煤矿安全监督局（安监管技装字〔2002〕45号）《关于加强安全评价机构管理的意见》首次明确规定安全评价的概念：安全评价是指运用定量或定性的方法，对建设项目或生产经营单位存在的职业危险因素和有害因素进行识别、分析和评估。安全评价包括安全预评价、安全验收评价、安全现状综合评价和专项安全评价。

为了加强安全评价机构、安全生产检测检验机构（以下统称安全评价检测检验机构）的管理，规范安全评价、安全生产检测检验行为，应急管理部2019年依据《中华人民共和国安全生产法》《中华人民共和国行政许可法》等有关规定，出台了《安全评价检测检验机构管理办法》，对安全评价检测检验机构的监管和业务开展提出了要求。

8.3.5 安全评价方法

1. 安全评价方法的分类

（1）按评价结果的量化程度分类

按评价结果的量化程度分为定性安全评价方法和定量安全评价方法两类。

1）定性安全评价方法：主要是根据经验和直观判断对生产系统的工艺、设备、设施、环境、人员和管理等方面的状况进行定性的分析，评价的结果是一些定性的指标。

2）定量安全评价方法：是指运用基于大量的实验结果和广泛的事故资料统计分析获得的指标或规律，对生产系统的工艺、设备、设施、环境、人员和管理等方面的状况进行定量的计算的方法，其评价的结果是一些定量的指标。

另外还有半定量评价方法，它是将各项指标在一定范围内取值得到的计算结果根据所处区间来确定危险等级，如作业条件危险分析法、危险度评价法。

（2）按安全评价的目的分类

按安全评价要达到的目的分为事故致因因素安全评价方法、危险性分级安全评价方法和事故后果安全评价方法三类。

1）事故致因因素安全评价方法：是指采用逻辑推理的方法，由事故推论最基本危险、有害因素或最基本危险、有害因素推论事故的评价法，如事故树分析法。

2）危险性分级安全评价方法：是指通过定性、定量或半定量分析给出系统危险性的安全评价方法。

3）事故后果安全评价方法：是指可以直接给出定量的事故后果的安全评价方法，给出的事故后果可以是系统事故发生的概率、事故的伤害范围、零散的损失或定量的系统危险性等，如事故树分析法、道化学法、事故模拟分析法。

（3）按评价的逻辑推理过程分类

按评价的逻辑推理过程分为归纳推理评价方法和演绎推理评价方法两类。

1）归纳推理评价方法：是指从事故原因推论结果的评价方法，即从最基本的危险有害因素开始，逐渐分析导致事故发生的直接因素，最终分析到可能的事故，如事件树分析法。

2）演绎推理评价方法：是指从结果推论原因的评价方法，即从事故开始，推论导致事故发生的直接因素，再分析与直接因素相关的间接因素，最终分析和查找出致使事故发生的最基本危险、有害因素，如事故树分析法。

（4）按针对的系统性质分类

按针对的系统性质分为设备故障率评价方法、人员失误率评价方法、物质系数评价方法和系统危险性评价方法四类。

2. 常用的安全评价方法

1）安全检查表评价方法（SCL）。

2）事故树分析法（FTA）。

3）事件树分析法（ETA）。

4）作业条件危险性评价法（LEC）。

5）预先危险分析法（PHA）。

6）故障类型影响分析法（FMEA）。

7）道化学法。

8）蒙德法。

9）事故模拟分析法。

10）风险矩阵法。

11）定量风险分析（QRA）。

3. 安全评价方法的选择

在进行安全评价时，应该在认真分析并熟悉被评价系统的前提下，选择安全评价方法。选择安全评价方法应遵循充分性、适用性、系统性、针对性和合理性的原则。生产系统往往是一个人员、机械、电气、危险物质、地质条件和自然环境等共存的复杂系统，其灾变既具有人工系统灾变的性质，同时也具有自然系统灾变的特点，单纯地借用目前只适用于人工系统或自然系统的方法评价生产系统的危险性程度是不可行的。因此，选择评价方法时要严格遵循上述原则，保证评价结果的客观性和公正性。安全评价的方法很多，但每种方法都有其一定的局限性。所以要确定所使用的安全评价方法，必须首先明确评价目的、对象及范围。每个评价方法都各有自己的使用范围,各有自己的优缺点,在进行安全评价方法选择时,必须考虑以下因素综合使用:开展安全评价的动机,所需评价结果的类型,可用于评价的信息类型,所分析的生产事故特征,已发现与评价对象有关的风险。同时要注意到安全评价方法不是单一的、确定的分析方法,不是决定安全评价结果的"唯一"因素。选择安全评价方法时,并不存在"最佳"方法,评价方法的恰当选择还要依赖于评价人员对评价方法的了解和实际经验的积累。

8.3.6 安全评价类型及安全评价程序

1. 安全评价类型

安全评价报告是安全评价过程的具体体现和概括性总结。安全评价报告是评价对象实现安全运行的技术性指导文件,对完善自身安全管理、应用安全技术等方面具有重要作用。安全评价报告作为第三方出具的技术性咨询文件,可为政府安全生产监管、监察部门、行业主管部门等相关单位对评价对象的安全行为进行法律法规、标准、行政规章、规范的符合性判别所用。

安全评价报告是安全评价工作过程形成的成果。安全评价报告的载体一般采用文本形式,为适应信息处理、交流和资料存档的需要,报告可采用多媒体电子载体。电子载体版本能容纳大量评价现场的照片、录音、录像及扫描文件,可增强安全评价工作的可追溯性。

目前,国内根据工程、系统生命周期和评价的目的将安全评价分为安全预评价、安全验收评价、安全现状评价和专项安全评价四类。但实际上可看成三类,即安全预评价、安全验收评价和安全现状评价,专项安全评价可看成安全现状评价的一种,属于政府在特定的时期内进行专项整治或法律规定要求开展的评价,如重大危险源评价(评估)。

安全评价报告应全面、概括地反映安全评价过程的全部工作,文字应简洁、准确,提炼出的资料应清楚可靠,论点明确,利于阅读和审查。

对于一个安全评价技术服务机构来说,首先要具备相应的安全评价资质,具备相应行业许可范围;其次要具有相应专业并取得安全评价师资格证件的工程技术人员和必要的技术专家作为外部支撑,以及具有开展安全评价的各种办公条件、硬件设施和外部环境。具体到一个安全评价项目来说,首先要根据项目具体情况、行业风险及项目规模进行项目风险分析,然后签订安全评价合同,然后派出安全评价小组到企业现场进行实地勘察,采集相应原始资料,进行必要的检验测量,再组织人员进行报告编制,报告完成后整理档案,进行项目三级审核,由机构负责人或总工签发报告。

(1) 安全预评价

安全预评价报告的内容应反映安全预评价的任务:建设项目的主要危险、有害因素评价;建设项目应重点防范的重大危险、有害因素;应重视的重要安全对策措施;建设项目从安全生产角度是否符合国家有关法律、法规、技术标准。

(2) 安全验收评价

安全验收评价报告是安全验收评价工作过程形成的成果。安全验收评价报告的内容应反映安全验收评价两方面的义务:一是为企业服务,帮助企业查出安全隐患,落实整改措施以达到安全要求;二是为政府安全生产监督和应急管理服务,提供建设项目安全验收的依据。

(3) 安全现状评价

安全现状评价报告的内容要求比安全预评价报告要更详尽、更具体,特别是对危险分析要求较高,因此整个评价报告的编制,最好邀请懂工艺和操作的行业专家参与完成。

2. 安全评价程序

安全评价程序(图 8-1)包括前期准备,辨识与分析危险、有害因素,划分

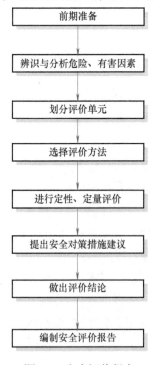

图 8-1 安全评价程序

评价单元，选择评价方法，进行定性、定量评价，提出安全对策措施建议，做出评价结论，编制安全评价报告。

8.4 安全生产标准化技术咨询服务

8.4.1 安全生产标准化的概念

安全生产标准化是指通过建立安全生产责任制，制定安全管理制度和操作规程，排查治理隐患和监控重大危险源和重要危险源，建立预防机制，规范生产行为，使各生产环节符合有关安全生产法律法规和标准规范的要求，人、机、物、环处于良好的生产状态，并持续改进，不断加强企业安全生产规范化建设，提升安全管理水平和绩效。

《中华人民共和国安全生产法》第四条明确要求生产经营单位必须加强安全生产标准化建设；该法第二十一条也把安全生产标准化建设纳入生产经营单位的主要负责人的安全生产工作职责。

安全生产标准化体现了"安全第一、预防为主、综合治理"的方针和"以人为本"的科学发展观，强调企业安全生产工作的规范化、科学化、系统化和法治化，强化风险管理和过程控制，注重绩效管理和持续改进，符合安全管理的基本规律，代表了现代安全管理的发展方向，是先进安全管理思想与我国传统安全管理方法、企业具体实际的有机结合，能有效提高企业安全生产水平，从而推动我国安全生产状况的根本好转。

应急管理部《企业安全生产标准化建设定级办法》（应急〔2021〕83号）规定，企业安全生产标准化等级由高到低分为一级、二级、三级。

企业安全生产标准化定级标准由应急管理部按照行业分别制定。应急管理部未制定行业标准化定级标准的，省级应急管理部门可以自行制定，也可以参照《企业安全生产标准化基本规范》（GB/T 33000—2016）配套的定级标准，在本行政区域内开展二级、三级企业建设工作。

企业安全生产标准化定级实行分级负责。应急管理部为一级企业以及海洋石油全部等级企业的定级部门，省级和设区的市级应急管理部门分别为本行政区域内二级、三级企业的定级部门。

企业依据《企业安全生产标准化建设定级办法》的要求，自愿申请标准化定级。

安全生产标准化定级工作不向企业收取任何费用。各级定级部门可以通过政府购买服务方式确定从事安全生产相关工作的事业单位或者社会组织作为标准化定级组织单位（简称组织单位），委托其负责受理和审核企业自评报告、监督现场评审过程和质量等具体工作，并向社会公布组织单位名单。

各级定级部门可以通过政府购买服务方式委托从事安全生产相关工作的单位负责现场评审工作，并向社会公布名单。

8.4.2 安全生产标准化的作用

安全生产标准化的作用简单归纳为以下几点：
1) 安全生产标准化基本规范是政府的相关部门监督、服务、指导的依据。
2) 安全生产标准化基本规范是企业安全管理的依据。
3) 安全生产标准化基本规范是社会监督的依据。
4) 安全生产标准化基本规范是安全生产技术服务机构（公司）对评价、认证、咨询、检测等工作方面的依据。
5) 对安全管理体系运行提供不可或缺的具体内容。

8.4.3 安全生产标准化技术咨询服务工作程序

开展安全生产标准化咨询服务的工作程序主要有：
1) 合同前期：咨询单位和企业之间互相了解各自的情况。
2) 签订合同。
3) 咨询单位向企业提出企业创建安全生产标准化实施方案，企业应成立安全生产标准化领导机构和组建工作机构。
4) 咨询单位在企业中高层管理人员中宣贯安全生产标准化及考核标准的相关要求。
5) 咨询单位组织专家在企业协助下进入企业现场了解企业人、物、环、管情况，进行全面核对，找出差距所在，作为对企业的初期诊断。
6) 咨询单位向企业书面提出人、物、环、管方面存在的缺陷。
7) 咨询单位向企业书面提出建议，由企业制订工作计划，编制实施细则，分工落实整改、建立安全生产标准化体系。
8) 咨询单位对企业进行二次复查（复诊），反复查验结果，查制度执行、查整改记录、查隐患等边查边改，企业进入安全生产标准化试运行阶段。
9) 咨询单位对企业进行申报考核辅导，由企业进行申报。
10) 评审组织单位指派评审单位并提出评审要求和工作主体。
11) 评审单位的专家对企业进行评审，由相关部门对评审报告进行审查、定级、公告。

12）企业动态运行保持达标标准。

总之，企业通过创建安全生产标准化后，绝大部分企业转变了观念，从企业的发展理念到价值观，把安全生产摆到突出位置，把安全生产纳入生产经营总体规划和单位领导的业绩考核中，在管理模式上创新，实现了从事后查处向事先预防的转变，以及从"要我安全"向"我要安全"到"我会安全"理念的转变，从简单的从严管理逐步向以人为本和安全文化建设管理转变，这就是管理与和谐的统一。

企业创建安全生产标准化是根据《企业安全生产标准化基本规范》（GB/T 33000—2016）规定的人、物、环、管四大要素，根据事故致因理论，通过依法规范的方式，持续改进，达到安全法规和标准的要求，从而实现全方位减少或消除人的不安全行为、物的不安全状态和管理缺陷，防止事故的发生，实现真正意义上的本质安全。因此，企业创建安全生产标准化是企业全面提升安全生产综合水平和绩效的有效方法和载体，不受企业的性质、行为特点的限制，它适用于任何企业。安全生产标准化要点分为三个部分：第一，管理的标准化，按考核标准规定检查具体执行情况；第二，现场的标准化，主要是设备和工艺流程中的安全设施、警示标志和场内外工作环境等方面的标准化情况；第三，人的因素的安全职责、操作规程的制订和执行情况。

8.4.4　安全生产标准化技术咨询服务主要内容

目前，我国煤矿、非煤矿山、烟草、发电、机械、危化（化工）、道路危险货物运输、港口码头、建筑施工等企业都有专门的评审标准；对于一般工贸企业有《冶金等工贸企业安全生产标准化基本规范评分细则》。另外纺织行业，建材行业的建筑卫生陶瓷、平板玻璃、水泥，轻工业的白酒、啤酒、乳制品、食品、造纸，商贸的仓储物流、商场，冶金行业的轧钢、焦化、炼钢、煤气、炼铁、烧结团、铁合金，有色金属行业的电解铝熔铸碳素、氧化铝、有色金属压力加工、有色重金属冶炼企业也有专门的评审标准。

第三方安全技术服务机构可以根据自身技术水平和专业特长，开展安全生产标准化的创建达标咨询辅导工作。

1. 企业安全现状调研与评估

1）对照评定标准对基础管理、设备设施状况进行摸底。

2）审查现行安全管理方式、方法，评价其有效性。

3）诊断当前系统与安全生产标准化要求存在的差距。

2. 安全生产标准化知识普及与培训

各单位中上层管理人员和工作机构的工作人员由咨询单位负责进行宣贯，企业中下层员工由企业具体进行宣贯，实现全员培训的目标，通过培训提高对安全生产标准化的认识水平。

3. 编制"安全生产标准化建设实施方案"

根据相关法律法规及规范的要求，针对安全现状调研的结果，确定建立安全生产标准化方案，包括资源配置、进度、分工等；识别和获取适用的安全生产法律法规、标准及其他要求；确定企业安全生产方针和目标，企业主要负责人对全体员工做出职业健康安全承诺，确定部门及员工安全生产标准化工作职责。

4. 建立完善企业安全生产标准化体系

1) 管理文件的制修订（安全生产责任制、安全生产管理制度和安全操作规程），确保其内容的符合性、有效性、执行性。

2) 指定责任部门，对照评审标准，开始创建。职责分配如下（不同企业职责分配有所不同）：

① 公司主要负责人安全生产标准化基础工作安全职责：
- "双基——基础工作，基层工作"
- 双重预防机制建设
- 安全承诺
- 安全目标
- 安全机构
- 安全人员配备
- 安全考核

② 设备部门安全生产标准化基础工作：
- 特种设备台账
- 安全附件台账
- 仪控设备台账（DCS、SIS、检测、报警等）
- 静电控制措施
- 检维修作业程序
- 设备拆除与报废的作业程序及执行情况

③ 生产部门安全生产标准化基础工作：
- 安全操作规程
- 安全设施台账及维护

- 生产过程中的危害告知与突发事件应急处理
- 开停车方案
- 关键装置的安全管理
- 组织本部门及车间安全检查、双重预防机制建设、安全生产标准化自评工作
- 安全生产"五同时"：计划、布置、检查、总结、评比

④ 技术、研发部门安全生产标准化基础工作：
- 关键装置工艺控制措施
- 作业指导书中的安全内容
- 工艺安全规程
- 新项目"三同时"

⑤ 供应采购部门安全生产标准化基础工作：
- 原辅材料供应商管理台账及资质
- 安全防护用品的供应商台账及资质
- 劳动保护用品的供应商台账及资质
- 危险化学品原料"一书一签"
- 易制毒、易制爆和剧毒化学品的专项管理
- 危险化学品运输台账及资质
- 承包商的资质及安全管理合同
- 危险化学品仓库的安全管理措施

⑥ 人力资源部门安全生产标准化基础工作：
- 员工名册及安全教育登记卡
- 安全教育计划书
- 安全教育的培训教材
- 安全教育的培训过程记录
- 安全教育的考试与效果评价
- 安全的培训质量控制
- 特殊工种的安全台账

⑦ 财务部门安全生产标准化基础工作：
- 安全投入费用清单
- 安全投入的费用提取标准及台账
- 安责险、工伤保险缴费台账及凭证
- 意外伤害保险台账及凭证

⑧ 安全生产管理部门安全生产标准化基础工作：
- 安全生产标准化管理手册
- 安全生产标准化的培训教材
- 安全责任制及组织机构
- 安全制度及执行情况
- 安全管理台账
- 法律法规符合性评价
- 重大危险源评估
- 应急救援预案及评审、备案、演练
- 安全评价及新、改、扩建项目安全"三同时"事故报告、调查与处理
- 事故报告、调查与处理
- 安全会议记录、纪要、文件
- 综合安全检查、安全巡查、隐患整改及反馈
- 高危作业的安全管理与监督
- 安全生产许可证、危险化学品经营许可证
- 各种安全资格证书
- 安全生产标准化自评与完善
- 消防设施管理与维护，安全器材管理与维护
- 安全警示标志、安全警示线路
- 职业卫生检测与结果公告
- 安全教育及外来人员的培训考核
- 其他安全工作

⑨ 车间、班组安全生产标准化基础工作：
- 安全教育情况
- 劳动保护用品
- 高危作业票执行情况
- 操作规程执行情况
- 安全设施、消防设施维护情况
- 安全警示标志
- 职业卫生、环境卫生

⑩ 其他部门安全生产标准化基础工作：
- 安保：外来人员登记教育、车辆登记检查、安防器材、阻火器、应急报警

- 消防：器材维护、演练、报警、可燃检测
- 职业卫生：职业卫生用品、职工体检、应急器材、职业危害因素的检测和申报
- 其他相关部门（基建、后勤、实验室等）

⑪ 员工安全生产标准化的基础知识：
- 基本安全知识
- 本岗位的风险及控制方法
- 岗位事故应急处置方法
- 高危作业安全管理程序（申报、监护等）
- 安全器材、消防设施的使用方法
- 所在岗位关键装置的安全操作规程
- 日常安全基础知识（事故报告、劳动防护用品等）
- 本岗位安全生产标准化自评

5. 标准化现场集中整治及体系试运行

根据安全生产标准化建设实施方案，落实安全生产标准化的各项要求。制定《安全生产标准化管理手册》并下发到各职能部门、基层单位，依据《安全生产标准化管理手册》要求开展安全生产及管理工作。如完善安全生产规章制度、安全操作规程、台账、档案、记录等。

6. 安全生产标准化自检自查与整改

企业对安全生产标准化的实施情况进行自我检查和自我评价，发现问题，找出差距，提出完善措施，进行整改。根据自评的结果，改进安全生产标准化管理，不断提高安全标准化实施水平和安全绩效。安全生产标准化管理文件应每年度修订、完善和补充一次，作为继续开展安全生产标准化工作的重要依据。

7. 企业自评

企业成立由主要负责人任组长、有员工代表参加的工作组，按照生产流程和风险情况，对照所属行业标准化定级标准，每年至少开展一次自评工作，并形成书面自评报告。自评报告在企业内部公示不少于10个工作日，并应及时整改发现的问题，持续改进安全绩效。

8. 申请

申请定级的企业，依拟申请的等级向相应组织单位提交自评报告，并对其真实性负责。评审组织单位收到企业自评报告后，应当在10个工作日内完成审核、报送和告知工作。

9. 安全生产标准化的评审定级

定级部门对评审组织单位报送的审核意见和企业自评报告进行确认后,由评审组织单位通知负责现场评审的单位成立现场评审组在 20 个工作日内完成现场评审,将现场评审情况及不符合项等形成现场评审报告,初步确定企业是否达到拟申请的等级,并书面告知企业。

10. 公示

组织单位将确认整改合格、符合相应定级标准的企业名单定期报送相应定级部门;定级部门确认后,应当在本级政府或者本部门网站向社会公示,接受社会监督,公示时间不少于 7 个工作日。

11. 公告

对公示无异议或者经核实不存在所反映问题的企业,定级部门应当确认其等级,予以公告,并抄送同级工业和信息化、人力资源社会保障、国有资产监督管理、市场监督管理等部门和工会组织,以及相应银行、保险和证券监督管理机构。

对未予公告的企业,由定级部门书面告知其未通过定级,并说明理由。

8.5 安全托管

8.5.1 安全托管的定义

所谓安全托管(即安全管家)就是通过具有国家规定的相关技术资格的服务机构或其执业人员进驻企业的方式,利用他们的专业服务,对企业进行安全生产状况检查,根据检查结果提出规范整改方案,并要求企业执行。

8.5.2 安全托管的必要性

安全托管的必要性包括企业内部原因和外部原因。

(1) 企业内部原因

一些私营企业由于正处于起步阶段,生产规模小,各项管理制度还不够健全,没有形成完善的安全管理体制,缺乏专业的安全管理人员,使得企业的安全生产工作处于无序或失控状态。

(2) 企业外部原因

近年来中小企业迅猛发展,相比之下,安全监管机构和监管队伍的建设与企业的发展速度不相适应,同中小企业的发展需求还有很大差距。

8.5.3 安全托管的服务内容

1）对委托企业进行安全评估，根据其生产经营特点，开展危险源点的辨识，掌握其安全生产现状和特点，制定有针对性的安全生产托管服务方案。

2）贯彻执行有关安全生产的法律、法规和方针、政策，推行安全生产标准化工作，指导和促进委托企业达到安全标准。

3）建立和完善委托企业的安全生产责任制、安全生产管理制度、安全生产工作档案、安全操作规程和安全生产检查表，拟定年度安全生产工作计划和安全技术措施计划，并检查和督促落实。

4）掌握委托企业安全生产状况，制定生产安全事故应急救援预案并指导演练、落实。

5）履行现场安全生产检查职责，对检查发现的事故隐患，提出整改意见，并及时报告委托企业的安全生产责任人，协助和指导委托企业落实整改。

6）协助委托企业开展员工安全生产宣传教育和培训工作，督促执行特种作业人员持证上岗制度和员工上岗前及轮岗前安全培训教育制度。

7）指导和督促委托企业按国家规定为从业人员发放劳动防护用品，并指导从业人员按规范使用。

8）指导和协助委托企业及时报告其发生的生产安全事故，组织或积极配合事故调查和善后处理工作。

8.5.4 安全托管服务期限

1. 短期安全托管服务

服务期限在三个月以内，可以使企业初步形成一套完善的安全管理体系，为企业培养出一批专兼职安全管理人员，使企业基层员工的安全素质得到很大程度的提高。

2. 长期安全托管服务

服务期限在一年及一年以上，使企业安全生产基础、安全管理水平和安全保障能力得到明显的加强，将安全生产文化建设上升到一定的高度，将安全生产理念根植到每个员工的心中，从"要我安全"转化成"我要安全"直至形成"我会安全"，在企业内部建立起持续改进的安全管理长效机制。

8.5.5 安全托管为企业带来的效益

安全托管为企业带来的效益如图 8-2 所示。

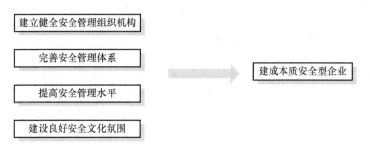

图 8-2　安全托管为企业带来的效益

8.5.6　安全托管的工作流程

安全托管工作流程如图 8-3 所示。

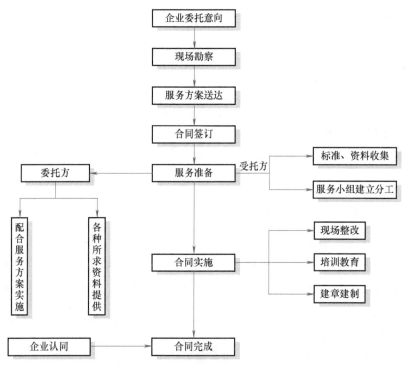

图 8-3　安全托管工作流程

8.6　第三方机构安全检查

第三方机构安全检查即通过安全管理行业的第三方中介机构，为企业提供专业化、技术化的安全检查服务,并对检查出的安全隐患问题提出整改建议,送达企业安全管理部门以备整改。第三方机构安全检查可以有效填补企业安全管理存在的缺陷,降低企业事故发生频率和企业自身安全技术管理水平的不足,预防企业事故发生。

8.6.1 第三方机构安全检查的优势

1. 专业性

第三方机构作为一个规模化的组织,拥有各个领域各专业管理资质的人才以及被各行业认可的专家顾问,他们具备丰富的安全检查经验、科学专业的安全检查技术,能够为企业的安全检查提供强有力的技术支持。针对不同的行业、不同的生产活动或者不同的施工类型,第三方机构能采取不同的安全检查方式,做到全面、系统、专业地开展安全检查工作。

2. 客观性

第三方机构作为中介技术支持性质的存在,既不与企业的利益直接挂钩,也不受政府监管部门的影响。这意味着第三方机构不代表任何一方的利益,因而在进行安全检查时,第三方机构可以保持客观性,如实地检查和告知企业其存在的所有安全隐患问题。

3. 帮助企业提升安全管理水平

第三方机构安全专家具有国家颁发的资质证书,且在安全行业或者安全相关行业工作多年,拥有扎实的理论基础和丰富的实战经验,在企业进行安全检查时,可以与企业的安全管理人员对发现的安全隐患问题以及企业的安全管理现状进行交流讨论,提出企业安全生产和安全管理方面的改进措施,帮助企业提升安全管理水平。

4. 帮助企业提升安全规章制度执行力

由于企业内部安全检查人员会存在人情思维和常态思维,企业安全规章制度的执行难免受到不良影响。第三方机构作为不受企业内部约束的独立机构,在进行安全检查时能够保持中立、客观的态度,就事论事,有效解决企业安全规章制度由于人情关系而受到的执行影响。企业内部安全检查人员长期在企业内进行安全检查工作,可能存在常态思维,对某些安全隐患问题习以为常,而第三方机构专家恰好可以发现这些平常被忽视的安全隐患。通常,在进行安全检查之后,第三方机构会向企业安全管理机构出具隐患整改报告,企业要对隐患整改报告中提及的隐患问题进行通报,并向相关部门下达隐患整改通知单,通过这样的方式可以给企业各部门增加适当的行政压力,督促各部门认真执行安全规章制度。

5. 帮助企业安全管理人员转变安全管理观念

通过第三方机构的安全检查可以增加企业内安全管理人员和第三方机构专业人士的接触与交流，使得企业管理人员能够学习更多的安全管理知识，这有助于企业管理人员不仅仅站在管理者的角度查找安全管理的不足，更站在法律、社会的角度来查找本企业安全管理的缺漏；还有利于企业管理人员在日常管理工作中将安全管理时机由事故后转变为事故前，将安全管理对象由事故转变为隐患，将安全管理方式由应急转变为预警，将安全管理内容从事故伤亡转变为职业健康，将安全管理方式从经验管理转变为专业管理。

8.6.2 第三方机构安全检查工作机制

第三方机构根据与企业签订的安全检查合同对企业的安全生产或安全管理等工作进行安全检查，查找可能导致事故发生的隐患，制止企业员工的不安全行为，并将需要整改的所有隐患问题和整改建议形成安全检查报告提交给企业安全管理部门，以便于企业对隐患进行整改。企业完成隐患整改后，第三方机构对隐患问题进行复查，确保隐患整改的落实。

8.6.3 第三方机构安全检查工作内容

根据第三方机构和企业签订的安全检查合同，安全检查的工作内容主要分为安全管理体系检查和现场安全检查两种类型。

（1）安全管理体系检查

通过查阅企业安全管理体系相关的规章制度、安全操作规程、安全管理组织架构、安全管理人员配置、教育培训等相关文件，找出企业文件中与法律法规不符合之处，并形成记录，以便企业整改。

（2）现场安全检查

现场安全检查主要是进行现场隐患排查、工艺及系统优化、安全警示标志标识设置情况、员工劳保用品配置和佩戴情况等检查。

第三方机构进行现场安全检查，找出企业作业现场存在的安全隐患，提供隐患整改建议；指出检查过程中发现的作业人员的违章行为、不安全行为，并及时纠正；针对出现问题的生产工艺或系统，提出生产工艺或系统优化方案；检查安全警示标识是否放置在合适位置，是否足量配置；检查员工劳保用品是否按时按规定足量发放。

8.6.4 安全检查所需资料

1) 相关的法规和标准。
2) 以前的类似的安全分析报告。
3) 详细工艺、装置说明和工艺流程图。
4) 开、停车及操作、维修、应急规程。
5) 事故报告、未遂事故报告。
6) 以往检查维修记录（如关键装置检查、安全阀检验、压力容器检测等）。
7) 工艺物料性质、毒性及反应活性等资料。

进行安全检查的工程技术人员必须熟知安全标准和规程，还要具备电气、建筑、压力容器、工艺物料和化学性质、自动化控制及其他重要特定方面的专业经验。

8.6.5 安全检查的创新应用过程

安全检查过程包括三个部分：检查的准备、实施检查、汇总结果。

1. 检查的准备

1) 安全检查首先确定以下内容：
① 所要检查的系统。
② 将要参加的检查人员。
2) 安全检查组的人员组成：
① 企业工艺技术人员和管理人员。
② 企业操作人员。
③ 第三方机构工程技术人员。
3) 要使工艺区和各项操作都能得到检查。
4) 企业检查小组的人员应来自不同的部门，这有利于促进理解和交流。
5) 在安全检查的准备会议上，应完成下列工作：
① 收集装置的详细说明材料（例如平面布置图、带控制点工艺流程 PID 和规程（操作、维修、应急处理和响应规程）。
② 查阅危险、有害因素分析报告。
③ 收集所有的现行的规范、标准和公司规章制度。
④ 安排与有关人员的会谈计划。
⑤ 查询现有的伤亡报告、事故/意外报告。
⑥ 查询设备装置验收材料、安全阀试验报告、安全/健康监护报告等。

2. 实施检查

1) 如果对现有装置进行检查，检查表按设备的排列顺序依次进行，逐项进行具体的检查。

2) 室外部分的检查应在检查之前列出计划，以便于天气变化时重新排定检查。

3) 检查小组仔细查阅现有装置图、操作规程、维修和应急预案等资料，并与操作人员进行讨论和了解情况。

4) 大多数事故的发生是因为生产过程中操作人员违章造成的，所以必须了解操作人员是否遵守制定的工艺操作规程。

5) 检查还应包括检修活动的安排，例如：

① 日常的设备检查（动火证、容器进入许可证、设备锁定和锁闭管理或设备的检验）。

② 观察了解日常操作人员对操作规程熟悉的程度和遵守情况，可以发现事故的隐患。

③ 组织模拟演练，在演练中要求所有人员实时操作，并将处理险情的程序记录下来，作为现场检查的收获。

④ 可以与操作人员一起讨论如何完善有关的应急处置方案。

⑤ 设备检查主要靠目视或用仪器诊断评价，同时还对设备记录情况进行检查。

⑥ 大多数危险性的设备都要有相关问题记录。

3. 汇总结果

检查小组完成检查后要完成检查报告，报告中应包括以下内容：

1) 安全检查的具体内容、系统、设备、设施等。

2) 通常列出系统、设备或场所存在的安全隐患或不符合项。

3) 在报告中提出具体的建议措施及理由。

8.6.6 安全检查的方法和注意事项

第三方安全服务机构在实施安全检查时常用的检查方式有询问、查阅资料、现场查看、现场测试和测量。主要的任务是发现危险有害因素，找出隐患及隐患存在的原因，从而制定措施进行整改，消除或控制危险有害因素和隐患，防止事故的发生。

1. 询问

询问企业负责人、安全员、职工，询问要做好询问记录，询问记录要双方签字确认。提问要有针对性，针对检查中发现的问题提出询问，就事论事，允许答问人拒绝回答或回答"不知道"。有时还可采用问卷的方式进行，问卷要有重点，提出的问题要切中要害，设计的问题答案要简明易懂。

2. 查阅资料

查阅安全管理相关的台账、记录、档案等，发现或找出被查单位在安全制度、标准化建设、规范化管理等方面存在的与法律法规、上级的规定和实际工作不相符的地方及问题。

主要查阅的资料包括：制度和操作规程，企业安全管理文件，安全管理台账记录，与安全投入有关的会计核算报表，危险物品的进销存台账，与安全有关的工艺技术文件、设计图，安全评价报告，法定检测检验报告和证书，职业健康档案，职工安全教育档案，隐患排查治理档案，重大危险源档案，应急救援预案及演练、培训、告知记录。

3. 现场查看

现场查看概括起来就是一看二听三闻四摸五感受。在闻和摸之前要确认没有危险，对发现的问题要通过笔记、照相或摄像加以记录。

1) "看"——首先要看不安全行为，即"三违"，通过察看岗位人员的操作，从而发现或找出被查单位或个人在劳动纪律、到岗到位、执行制度等方面存在的不足或问题，包括特种作业和危险性作业的无证上岗、未批作业，个人劳动防护用品穿戴等方面存在的问题。其次要看不安全状态，通过察看被查单位现有设备、设施的性能、维修、保养、使用和现状等情况，从而发现或找出设备设施方面存在的隐患或问题。主要是检查安全设施，包括直接的本质型安全设施、间接的防护型安全设施、提示性的设施和应急设施。

2) "听"——一是听设备设施运行的异常声音，二是听生产现场的噪声，以此来发现设备设施的异常。

3) "闻"——主要是闻生产现场气体的气味，要注意不能让鼻子直接对向气体，而应用手扇起气体，让鼻子闻得少量的气体；而对于毒害性较强的气体不能用鼻子闻而应用检测仪器进行检测。

4) "摸"——用手接触检查的物体或者物质，以手感来判断物体或物质的不安全性。一般来说，不能让手的皮肤直接接触被查物体或物质，要戴上手套进行。

5) "感受"——用身体去感受作业场所的安全状况，主要是感受人及功效的效果，以此判断作业场所存在的不安全因素。

4. 现场测试和测量

运用既有的科学仪器、检测设施，通过对设备、设施、现场管理、生产组织等劳动作业现场的全方位检测、控制和分析，从而发现或判定某个方面、某些因素、某个系统存在的隐患或问题。

8.7 性能化消防安全设计的创新与应用

8.7.1 性能化设计思想

性能化是根据设计对象要达到的总体目标或设计性能水平，规定一系列性能目标和可以量化的性能准则及设计准则，它不明确规定某项具体的解决方案，而是确定能达到目标要求的可接受方案。设计时可根据具体情况采用不同的设计方案，只要使总体目标得以实现就认为达到了设计要求。

性能化设计是一种新的设计思想，与传统方式（根据技术规范设计）相比，性能化设计更加经济、有效、科学和灵活。目前，性能化设计已经广泛应用于建筑设计领域，美国、日本等发达国家已制定了相应的标准对建筑领域的性能化设计进行规范和指导。我国也在逐步探索应用，如针对一些超过目前建筑消防规范应用范围的建筑（称作"超规"建筑）也采用性能化设计的思想进行设计，设计方案经过专家论证并得到消防主管部门认可后，也认定为符合相应的规范要求。

8.7.2 性能化消防设计的创新与应用

性能化消防设计最早出现在20世纪80年代，是建立在消防安全工程学基础上的一种新的建筑防火设计方法，它运用消防安全工程学的原理与方法，根据建筑物的结构、用途和内部可燃物等方面的具体情况，由设计者根据建筑的各个不同空间条件、功能条件及其他相关条件，自由选择为达到消防安全目的而应采取的各种防火措施，并将其有机地组合起来，构成该建筑物的总体防火安全设计方案，然后用已开发出的工程学方法，对建筑的火灾危险性和危害性进行定量的预测和评估，从而得到最优化的防火设计方案，为建筑结构提供最合理的防火保护。

性能化消防设计是建立在更加理性条件上的一种设计方法，也是新型防火设计思路。例如，在执行现行规范要求时，可以通过设置防火墙或减小开窗面积来弥补防火间距不足的问题；当安全疏散距离较长时，可以通过增加安全出口数量、增加水喷淋或加强防排烟设施来保证；当防火分区面积超过规范规定时，可以通过设置自动喷水灭火设施来补充；对某一建筑物，当某些方面不能达到消防规范要求时，可以采取其他措施补救，来满足消防安全要求。

性能化消防设计主要有以下优点：

1）通过性能化消防设计可以进一步发展并及时推广应用新思维、新技术、新工艺、新材料、新设备，有利于总体防火效果和各项防火技术的优化组合的发挥。在性能规范的体系中，对设计方案可以不做具体规定，只要能达到性能目标，任何方法都可以使用，加快了新技术在实际设计中的应用，不必考虑应用新型设计方法从而导致与规范的冲突。

2）通过性能化消防设计可以进一步发挥设计人员的创造力，增强责任感。性能化消防设计以系统的实际工作效果为目标，要求设计人员整体考虑系统的各个环节，减小对规范的依赖，不能忽视一些重要因素，对于提高设计人员技术水平和建筑防火系统的安全可靠性都是很重要的。

3）通过性能化消防设计可以进一步合理使用工程投资，提高消防设计的经济性，性能化设计的灵活性和技术的多样化给设计人员提供了更多的选择，在保证安全性能的前提下，通过设计方案的选择可以采用投入效益比最优化的系统。

性能化消防设计可分成若干的过程，各步骤相互联系，并最终形成一个整体，其步骤主要包括：①确定工程范围；②确定总体目标；③确定设计目标；④建立性能判定标准；⑤设定火灾情景；⑥试设计；⑦评估试设计及性能指标判定；⑧选定最终设计方案；⑨完成报告编写设计文件。

8.7.3 基于风险分析的性能化安全设计的创新与应用

基于风险分析的性能化安全设计是针对建构筑物之间的防火间距不能完全满足现行法律、法规和标准规范要求的问题，运用安全系统工程的原理和方法，对问题系统进行安全设计，以系统风险值定量评估进行性能化安全设计后的系统是否满足安全要求。

基于风险分析的性能化安全设计的特点：①设计对象为不满足现行消防技术规范的建构筑物；②设计的理念是从系统的性能目标考虑满足规范的要求；③设计的范围是仅对不满足规范要求的问题系统。

基于风险分析的性能化安全设计主要流程包括确定设计范围、危险有害因素辨识、确定性能目标、系统的性能化安全设计、系统风险评估。性能化安全设计流程如图8-4所示：

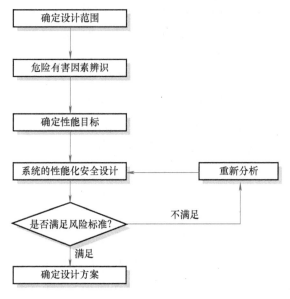

图 8-4 性能化安全设计流程

8.8 风险分级管控与隐患排查"双体系"建设

8.8.1 定义

风险分级管控是指按照风险不同级别、所需管控资源、管控能力、管控措施复杂及难易程度等因素而确定不同管控层级的风险管控方式。风险分级管控的基本原则是：风险越大，管控级别越高；上级负责管控的风险，下级必须负责管控，并逐级落实具体措施。

事故隐患是指违反安全生产法律、法规、规章、国家标准、行业标准、安全规程和管理制度的规定，或者因其他因素在生产经营活动中存在可能导致事故发生的人的不安全行为、物的不安全状态、作业环境的不安全因素和安全管理的缺陷。隐患的含义是隐蔽、隐藏的祸患，即为失控的危险源，是指伴随着现实风险，发生事故的概率较大的危险源。

8.8.2 "双体系"建设背景

首先，构建风险分级管控与隐患排查治理双重预防体系，是落实党中央、国务院关于建立风险管控和隐患排查治理预防机制的重大决策部署，是实现纵深防御、关口前移、源头治理的有效手段。

其次，风险分级管控与隐患排查治理双重预防体系建设是企业安全生产主体责任，是企业主要负责人的重要职责之一，是企业安全管理的重要内容，是企业自我约束、自我纠正、自我提高的预防事故发生的根本途径。

2016年1月，中共中央政治局常委会会议强调，重特大突发事件，不论是自然灾害还是责任事故，其中都不同程度存在主体责任不落实、隐患排查治理不彻底、法规标准不健全、安全监管执法不严格、监管体制机制不完善、安全基础薄弱、应急救援能力不强等问题。必须坚决遏制重特大事故频发势头，对易发重特大事故的行业领域采取风险分级管控、隐患排查治理双重预防性工作机制，推动安全生产关口前移，加强应急救援工作，最大限度减少人员伤亡和财产损失。

国务院安委办 2016 年 10 月 9 日印发《关于实施遏制重特大事故工作指南构建安全风险分级管控和隐患排查治理双重预防机制的意见》，要求坚持风险预控、关口前移，全面推行安全风险分级管控，进一步强化隐患排查治理，尽快建立健全相关工作制度和规范，完善技术工程支撑、智能化管控、第三方专业化服务的保障措施，实现企业安全风险自辨自控、隐患自查自治，形成政府领导有力、部门监管有效、企业责任落实、社会参与有序的工作格局，提升安全生产整体预控能力，夯实遏制重特大事故的坚强基础。

《中华人民共和国安全生产法》第四条明确要求，生产经营单位必须构建安全风险分级管控和隐患排查治理双重预防机制，健全风险防范化解机制，提高安全生产水平，确保安全生产。该法第四十一条规定，生产经营单位应当建立安全风险分级管控制度，按照安全风险分级采取相应的管控措施。生产经营单位要建立科学的风险评估技术标准，规范风险评估方法，量化风险等级。要发动全员、全方位、全过程地辨识生产系统、设备设施、人员行为、环境条件等因素可能导致的安全、健康和社会影响等方面的风险，确保危害辨识和风险评估的及时性、全面性、科学性。要对辨识出的风险分类梳理、分级管控、分层落实，确定出各类、各级、各层的安全预控重点。要建立风险数据库并持续地开展动态辨识，评估更新，对辨识出的风险进行动态管理。

8.8.3 开展"双体系"建设的目的和意义

风险管理是企业安全管理的核心内容，"基于风险"是过程安全管理的重要特征。成功的事故预防经验就是事故风险管理，即危险源的辨识、风险评价以及风险控制措施的策划与实施。实施危险源管理是预防事故的源头管理，事故隐患排查与治理是事故预防预控的末端环节。

构建两个体系的最终目的是：提升企业安全管理水平，防止事故的发生。

开展"双体系"建设要在理解和把握标准要求与内涵的前提下，充分结合企业自身的实际与特点（包括所处行业特点），尤其是自身的实践经验，才能建立健全适用、充分、有效的管理体系和运行机制。以风险控制为主线，以危害辨识、风险评估、风险控制和持续改进的闭环管理为原则，结合本单位生产实际，系统地提出设备设施、劳动安全、作业环境、职业健康风险管控的内容、目标与途径，强调事前危害辨识与风险评估、事中落实管控措施、事后总结与改进，最终就达到风险超前控制和持续改进的目的。

8.8.4 开设"双体系"建设的创新应用过程

企业在双重预防体系的创建过程中，难免会遇到各种问题，这就需要第三方安全服务机构发挥自己在技术方面的优势，对企业进行全方位指导，解决怎么建设双重预防体系的问题。在企业创建双重预防体系过程中，第三方安全服务机构的作用主要体现在以下几方面：

第一，对企业进行培训并协助企业编制各种制度、文件，形成双重预防体系的大框架，很多企业反映由于对国家的法律法规及双重预防体系的通则、细则、实施指南理解有偏差，导致做了很多无用功。针对这种情况，第三方安全服务机构应对企业进行相关规章制度、通则细则、实施指南的详细解读的培训，使企业员工充分理解、认识双重预防体系，在培训的同时，协助企业制定各种制度及编制文件，使双重预防体系建设工作制度化、规范化。

第二，指导企业进行风险辨识，并正确分级。很多企业反映，风险辨识和分级过程中，不知道如何选择风险辨识方法和风险分级评价方法。针对这个情况，第三方安全服务机构应对企业进行风险辨识方法和风险分级评价方法的培训，并协助企业选取合适的评价方法。

第三，指导企业进行隐患排查表的编制。双重预防体系创建中，很多企业反映，编制出来的隐患排查表不实用，较为复杂，与原有的检查表重复，针对这个情况，第三方安全服务机构应该协助企业改进并编制符合企业实际情况的隐患排查表，并与原有检查表进行融合，减少企业的重复工作，提高效率。

第三方安全服务机构辅导企业双体系建设流程如图8-5所示。

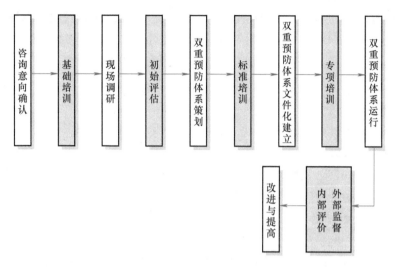

图8-5 第三方安全服务机构辅导企业双体系建设流程

8.9 生产安全事故应急预案的编制及应急演练

8.9.1 事故应急预案作用

制定事故应急预案是贯彻落实"安全第一、预防为主、综合治理"方针，提高应对风险和防范事故的能力，保证职工安全健康和公众生命安全，最大限度地减少财产损失、环境损害和社会影响的重要措施。

事故应急预案在应急系统中起着关键作用，它明确了在突发事故发生之前、发生过程中以及刚刚结束之后，谁负责做什么、何时做以及相应的策略和资源准备等。它是针对可能发生的重大事故及其影响和后果的严重程度，为应急准备和应急响应的各个方面所预先做出的详细安排，是开展及时、有序和有效事故应急救援工作的行动指南。

8.9.2 事故应急预案体系

基于可能面临的多种类型重大事故灾害，为保证各种类型预案之间的整体协调性和层次，并实现共性与个性、通用性和特殊性的结合，对应急预案合理地划分层次，是将各种类型应急预案有机组合在一起的有效方法。一般情况下，按照应急预案的功能和目标，应急预案有如下分类：

1. 综合预案

综合预案相当于总体预案，是从总体上阐述预案的应急方针、政策、应急组织机构及相应的职责，应急行动的总体思路等。通过综合预案，可以很清晰地了解应急的组织体系、运行机制及预案的文件体系。更重要的是，综合预案可以作为应急救援工作的基础和"底线"，对那些没有预料的紧急情况也能起到一定的应急指导作用。

2. 专项预案

专项预案是针对某种具体的、特定类型的紧急情况，如煤矿瓦斯爆炸、危险物质泄漏、火灾、某一自然灾害、重大危险源、特种设备事故等而制定的计划或方案，是综合应急预案的组成部分，应按照综合应急预案的程序和要求组织制定，并作为综合应急预案的附件。

3. 现场处置方案

现场处置方案是在专项预案的基础上，根据具体情况而编制的。它是针对具体装置、场所、岗位所制定的应急处置措施，如危险化学品事故专项预案下编制的危险化学品泄漏、化学品灼伤现场处置方案。现场处置方案的特点是针对某一具体场所的该类特殊危险及周边环境情况，在详细分析的基础上，对应急救援中的各个方面做出具体、周密而细致的安排，因而现场处置方案具有更强的针对性和对现场具体救援活动的指导性。

8.9.3 编制事故应急预案基本要求

编制应急预案必须以客观的态度，在全面调查的基础上，以各相关方共同参与的方式，开展科学分析和论证，按照科学的编制程序，扎实开展编制工作，使应急预案中的内容符合客观情况，为应急预案的落实和有效应用奠定基础。

《生产安全事故应急预案管理办法》（应急管理部2019年2号令）第八条规定，应急预案的编制应当符合下列基本要求：

1）有关法律、法规、规章和标准的规定。
2）本地区、本部门、本单位的安全生产实际情况。
3）本地区、本部门、本单位的危险性分析情况。
4）应急组织和人员的职责分工明确，并有具体的落实措施。
5）有明确、具体的应急程序和处置措施，并与其应急能力相适应。
6）有明确的应急保障措施，满足本地区、本部门、本单位的应急工作需要。
7）应急预案基本要素齐全、完整，应急预案附件提供的信息准确。
8）应急预案内容与相关应急预案相互衔接。

8.9.4 事故应急预案编制程序

《生产经营单位生产安全事故应急预案编制导则》（GB/T 29639—2020）第4.1条提出，生产经营单位应急预案编制程序包括成立应急预案编制工作组、资料收集、风险评估、资源调查、应急预案编制、桌面推演、应急预案评审、批准实施八个步骤。第三方安全服务机构协助企业编制生产安全事故应急预案过程、步骤如图8-6所示。

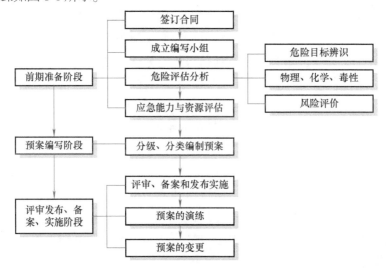

图8-6　第三方安全服务机构协助企业编制生产安全事故应急预案过程、步骤

8.9.5 应急演练策划及演练效果评估

《突发事件应急预案管理办法》（国发办〔2013〕101号）第二十二条规定，应急预案编制单位应当建立应急演练制度，根据实际情况采取实战演练、桌面推演等方式，组织开展人员广泛参与、处置联动性强、形式多样、节约高效的应急演练。该办法第二十三条规定，应急演练组织单位应当组织演练评估。评估的主要内容包括演练的执行情况，预案的合理性与可操作性，指挥协调和应急联动情况，应急人员的处置情况，演练所用设备装备的适用性，对完善预案、应急准备、应急机制、应急措施等方面的意见和建议等。鼓励委托第三方进行演练评估。

《生产安全事故应急预案管理办法》第三十二条规定，各级人民政府应急管理部门应当至少每两年组织一次应急预案演练，提高本部门、本地区生产安全事故应急处置能力。该办法第三十三条规定，生产经营单位应当制订本单位的应急预案演练计划，根据本单位的事故风险特点，每年至少组织一次综合应急预案演练或者专项应急预案演练，每半年至少组织一次现场处置方案演练。易燃易爆物品、危险化学品等危险物品的生产、经营、储存、运输单位，矿山、金属冶炼、城市轨道交通运营、建筑施工单位，以及宾馆、商场、娱乐场所、旅游景区等人员密集场所经营单位，应当至少每半年组织一次生产安全事故应急预案演练，并将演练情况报送所在地县级以上地方人民政府负有安全生产监督管理职责的部门。县级以上地方人民政府负有安全生产监督管理职责的部门应当对本行政区域内前款规定的重点生产经营单位的生产安全事故应急救援预案演练进行抽查；发现演练不符合要求的，应当责令限期改正。该办法第三十四条规定，应急预案演练结束后，应急预案演练组织单位应当对应急预案演练效果进行评估，撰写应急预案演练评估报告，分析存在的问题，并对应急预案提出修订意见。

为此，第三方安全技术服务机构可以帮助政府和企业进行应急力量调查、制定演练方案、策划演练脚本，指导应急演练或对演练效果进行评估并对预案及演练工作提出改进建议。

消防救援力量包括内部和外部的消防救援力量（队伍+物资）。危化（化工）企业内部配置的应急救援物资应根据《危险化学品单位应急救援物资配备要求》（GB 30077—2013）进行配置，非危化（化工）企业可根据企业实际情况参照上述标准配置。外部消防救援力量包括周边单位的消防救援力量及国家消防救援队伍的救援力量。

演练脚本包括演练时间、演练程序、演练目的、演练地点、事故情景模拟、事故演练组织单位、参加演练单位和人员、观摩单位、演练及观摩注意事项、抢险救援医疗救护等演练过程、旁白、演练结束后专家点评、领导发言、演练总结报告撰写等。

8.10　互联网与安全生产

早在 20 世纪 90 年代初，欧美发达工业化国家就已建立了较为完整的安全生产信息系统。目前许多发达国家已经采用安全生产信息化手段，如使用卫星通信、传感器、计算机监控装置、无线网络传输系统等先进手段来实施安全生产的实时监测、预警与事故应急处理。我国的安全生产监督管理信息化在 21 世纪初起步，国家安全生产监督管理总局成立后，逐步开展了安全生产监管和监察信息化基础性的建设工作，主要包括信息网络基础、安全生产监管及监察应用系统和基础数据库的建设。

8.10.1 虚拟现实（VR）仿真模拟与安全生产

虚拟现实（Virtual Reality，VR）是一种伴随多媒体技术发展起来的计算机新技术，它通过三维图形生成技术、多传感交互技术以及高分辨率显示等技术，生成三维逼真的虚拟环境，并综合利用计算机图形学、仿真技术、多媒体技术、人工智能技术、计算机网络技术、并行处理技术和多传感器技术，模拟人的视觉、听觉、触觉等感觉器官功能，使人能够沉浸在计算机生成的虚拟境界中，并能够通过语言、手势等自然的方式与之进行实时交互，创建了一种适人化的多维信息空间。随着计算机软硬件技术的快速发展，虚拟现实技术应用前景越来越广阔。

VR 技术在安全生产工作中主要用于安全培训教育，相比于传统的安全培训，VR 安全培训系统可以激发工人参加安全教育的兴趣，工人对生产事故的感性认识也随之增强，并且训练的占地面积小、体验耗时短、可无限模拟不安全场景，同时可以在不同的项目中重复使用，体验者还能对细部节点、优秀做法进行学习，获取相关数据信息，同时还可进一步优化方案、提高质量。VR 安全培训主要是利用 3Dmax 技术建立与实体体验馆 1∶1 的效果模型，通过软件处理，结合 VR 眼镜实现了动态漫游及 VR 交互，让体验者有更加逼真的感受，可以直接感受、体验电击、高空坠落、洞口坠落及脚手架倾倒等项目虚拟效果。体验者戴上 VR 眼镜后，看 3D-IMAX 电影一样，仿佛身临其境，整个作业内容、工程现场形象逼真地展示在眼前，似乎触手可及。体验者可以在虚拟的建筑工程项目中随意"进出""攀爬"，可以逼真地感受日夜交替下的工程风景，也可以清晰明了地查看工程结构的每一个部件，切实感受工程施工中的危险，如图 8-7 所示。

图 8-7 某 VR 安全培训模拟软件示例图

其他的仿真模拟还有输电线路雷击跳闸事故防治措施仿真、化工生产单元操作仿真模拟、火灾事故仿真模拟、突发事故处置三维虚拟仿真、安全疏散模拟仿真等。安全工程专业的大学生，也可以寻求其他专业的同学合作进行创新创业，把自己的知识转化为生产力，做到"产学研用"，为社会经济发展贡献自己的力量。

8.10.2 安全管理信息平台

党的十八大明确把信息化水平大幅提升纳入全面建成小康社会的目标之一，并提出了走中国特色新型工业化、信息化、城镇化、农业现代化道路，促进这"四化"同步发展。工业化、信息化两化融合思想已经成为走新型工业化道路、推进结构优化升级、加快转变发展方式步伐、加强创新能力建设、增强产业核心竞争力、增强企业发展活力的有力抓手。

国家安全生产监督管理总局（现已并入国家应急管理部）发布的安全生产信息化"十三五"规划明确提出，要围绕安全生产，落实"中国制造 2025"战略，促进信息化和工业化融合，引导和推动矿山、危险化学品、油气输送、金属冶炼、粉尘防爆、液氨制冷等行业企业加大投入，加强信息技术应用创新，利用信息化手段改善本质安全水平。发挥国有企业引领示范作用，引导高危企业开展隐患自查自改、在线监测监控、安全生产台账等信息系统建设，加强物联网、机器人、智能装备等信息技术推广应用。推动大型企业（集团）安全生产综合信息平台与应急平台建设，加强与安全生产管理和应急管理机构、专业救援队伍的信息化联动。鼓励中小企业通过购买和使用信息化服务提升安全管理水平。

国家安全生产监督管理总局在 2016 年 12 月 27 日印发的《安全生产信息化总体建设方案及相关技术文件》中对企业的安全生产信息化建设给出了指导方案。《企业安全生产标准化基本规范》（GB/T 33000—2016）中明确规定："企业应根据自身实际情况，利用信息化手段加强安全生产管理工作，开展安全生产电子台账管理、重大危险源监控、职业病危害防治、应急管理、安全风险管控和隐患自查自报、安全生产预测预警等信息系统的建设。"

由此可见，运用现代通信、电子信息网络技术指导、服务于企业安全生产工作，建立高效灵敏、反应快捷、运行可靠的信息体系，及时掌握企业安全生产动态，提高安全生产监督、管理信息化水平和工作效率，全面推进企业安全生产信息化建设工作已势在必行。

安全生产信息化发展方向是将计算机与通信网络作为主体部分，从而实现数字化、网络化、智能化以及可视化的目标，主要涵盖了六个要素，即安全生产信息资源、安全生产信息网络、安全生产信息化人才资源、安全生产信息技术推广、安全生产信息技术产业、安全生产信息化政策法规及标准规范。

1. 安全生产信息网络平台

安全生产信息网络采用先进的技术手段，建立一套完善的数据交换共享机制，坚持以人为本的理念，构建整合安全科技文献、信息网络资源、安全生产政策法规等信息资源。在建立安全生产信息共享平台过程中要遵循科学合理、高效实用的原则，促进各级应用系统和信息数据共享，有效地保存与利用各种资源。

2. 安全生产信息资源平台

安全生产信息资源在六要素中是最为重要的一个环节，其不仅面向政府、企业和个人，同时包括生产、经营、安全科技、管理创新等一系列环节。在实际开发应用过程中，应建立一套切实可行的信息采集、加工、发布的全过程管理方式；同时，建立不同层级的信息资源采集、管理机制，形成自下而上，数据共享的安全生产信息资源综合管理应用平台。

3. 安全生产信息化人才资源平台

将安全生产专家组作为主体部分，构建完善的安全生产专家信息库，以此提高安全生产科技发展水平；定期对从事安全工作的人员进行培训，争取培养一批复合型的人才队伍；建立安全生产信息化管理、研发队伍，制定安全生产信息化人才培训机制，其对于安全生产科技在未来中的发展有着积极的促进作用。

4. 安全生产信息化政策法规及标准规范平台

开展安全生产政策法规体系建设，完善安全生产法律法规体系，以确保其具有较高的实用性与较强的可操作性。同时，对安全生产过程中存在的各种关系进行全面的梳理和调整，进一步加强安全技术标准体系和业务管理体系的建设力度，摒弃与时代发展要求不相适应的工艺、技术、装备和管理模式，以更为先进合理的安全技术、政策体系来推动和促进安全生产信息化发展建设。

5. 安全生产信息技术推广平台

将科研机构与高校作为核心，由政府带头组织和指导，全面推广先进适用技术，进一步加强相关安全技术的宣传推广力度，建立良好的技术咨询与服务平台，并落到实处。

6. 安全生产信息技术产业平台

安全生产信息化建设应不断地创新与吸收先进技术，积极研究开发各种核心应用技术，进一步提高计算机、网络、通信等各种资源的整合应用水平，创造产业化发展格局。例如"五位一体"化工信息化管理平台的开发（包括人员在岗定位管理系统、重大危险源监控预警系统、可燃有毒检测报警及检测检验系统、企业安全风险分区分级管理系统、企业安全生产全流程管理系统）。

8.11 安全技术装备的研发

安全技术装备分为煤矿领域安全技术装备、非煤矿山领域安全技术装备、危险化学品领域安全技术装备、职业健康领域安全技术装备、城市安全领域安全技术装备、应急救援及其他领域安全技术装备等。

根据《中华人民共和国安全生产法》和《淘汰落后与推广先进安全技术装备目录管理办法》，国家安全监管总局公示了《推广先进与淘汰落后安全技术装备目录（2017年）》。目前，先进的安全技术装备研发主要针对智能化控制、自动化控制、监测系统与设备、风险预警与安全管控系统、云服务平台等方面。

8.11.1 煤矿领域

煤矿领域安全技术装备的研发主要为通过智能控制系统推进煤矿自动化、无人化、高效化开采与管理；增加自救装备防护时间与使用寿命并使其操作简易化；改进矿井、隧道、输送带等探测技术和监测技术，提升探测、监测的范围、精度；改进运输装备，使其运行更加安全可靠、牵引力大、承载能力高、爬坡能力强、运行速度快、更适合长距离连续运输，辅助运输人员少；矿山、矿井风险预警、安全救援管控系统的研发；瓦斯含量测定技术改进，提升测定的效率与精度，降低环境干扰对测定结果的影响。目前，相关的安全技术装备有 ZLT—1400/2000 型超长距离自移设备列车、ZYX100 隔绝式压缩氧气自救器、SAM 综采自动化控制系统、矿用本安型电磁波无线随钻测量技术与装备、矿井隧道灾害水源双波长联合直接超前探测技术、安全高效煤矿井下无轨胶轮运输车辆、矿山精确定位监视监控多功能管控系统等。

8.11.2 非煤矿山领域

非煤矿山领域安全技术装备的研发主要有矿山地表、地形高精度测量技术，增加其测量距离、提升测量精度且能自动校正误差，发布预警信息；安全监测系统、预警系统的研发，使其集安全监测点运行数据实时采集、传输、计算、分析，紧急异常情况预警于一体，且能实现多级管理平台工作，远程访问、远程管理。目前相关的安全技术装备有边坡合成孔径雷达监测预警系统、基于北斗导航卫星的安全监测系统等。

8.11.3 危险化学品领域

危险化学品领域系统的研发主要有安全仪表系统；火灾智能监测与灭火系统，实现全天候、无阻碍的远程监控和智能防灭火，通过云计算服务将企业日常消防安全管理、监测预警管理、应急救援管理融合一体；相关的安全技术装备有石化工无线传输蜂窝布局雷电预警技术；危化品火灾智能监测与微生物灭火系统等。另外，性能更好的防爆电气设备、更加灵敏的可燃气体和有毒气体探测仪器的研制等，也是需加强研发的安全技术装备设施。

8.11.4 职业健康领域

职业健康领域安全技术装备的研发主要为喷漆房毒物危害控制技术；智能化焊接技术，通过智能化技术，实现无人化焊接，降低弧光打眼、烫伤以及尘肺等职业病危害。相关的安全技术装备有手动喷漆房毒物危害控制技术、船舶分段建造车间智能化焊接等。

8.11.5 城市安全领域

城市安全领域安全技术装备的研发主要为天然气智能监控，使其响应更快，安装布置更为简便，数据能更好地进行可视化管理；城市治安防控管理云平台，通过云平台对城市治安信息进行汇总、分类，能够提高事件的处理效率，且能实现各职能部门之间的数据共享与业务协作，为跨部门合作提供便利；电气火灾智能防控装置及系统，提升电气火灾防护水平，降低电气火灾的漏报率与误报率，更有效地预警和防控电气火灾。相关的安全技术装备有城市天然气管网（甲烷）激光监测系统、城市安全监管与治理云平台、新型电气火灾智能防控装置及系统等。另外，电瓶车和电动汽车充电安全监控监测技术及装备值得进一步研发。

8.11.6 应急救援及其他领域

应急救援及其他领域安全技术装备的研发主要为输电线巡线系统，使其采集的巡线信息更加丰富、运行稳定、信息精度高、系统环境适应力强、系统轻便；用电安全隐患监管服务系统，能实时发现电气线路和用电设备存在的安全隐患，向管理人员发送预警信息，指导企业开展隐患治理。相关的安全技术装备有高寒区直升机载电力巡线光电稳定吊舱系统、智慧式用电安全隐患监管服务系统等。

8.12　安全生产教育培训

　　安全生产教育培训分为能力提升培训、学历提升培训和法定取证培训三种。

　　能力提升培训包括理论知识、实践能力提升两个方面。第三方机构可以根据企业的需求量身定做理论课程和实操课程，理论课程有通用专业课程，如"机械安全""特种设备安全""电气安全""燃爆理论"，也可以开设行业专业课程，如"化工安全设计""化工安全""危险化学品安全""矿山通风工程"等。

　　国家对部分行业企业的主要负责人和安全管理人员的专业、学历都有明确要求，学历提升培训市场很大。学历提升可以和相关高校继续教育学院合作，开办安全工程、化学工程、机械工程、采矿等相关专业的学历提升班（高中起点专科和本科、专升本、自学考试）。

　　《安全生产培训管理办法》（2015年修正）对培训机构、培训要求均做了规定。该办法第十条规定，下列从业人员应当由取得相应资质的安全培训机构进行培训：

　　1）特种作业人员。

　　2）井工矿山企业的生产、技术、通风、机电、运输、地测、调度等职能部门的负责人。

　　该办法第十八条规定，安全监管监察人员、从事安全生产工作的相关人员、依照有关法律法规应当接受安全生产知识和管理能力考核的生产经营单位主要负责人和安全生产管理人员、特种作业人员的安全培训的考核，应当坚持教考分离、统一标准、统一题库、分级负责的原则，分步推行有远程视频监控的计算机考试。这些人员应当由取得相应资质的安全培训机构进行培训。

　　该办法第十九条规定，安全监管监察人员，危险物品的生产、经营、储存单位及非煤矿山、金属冶炼单位主要负责人、安全生产管理人员和特种作业人员，以及从事安全生产工作的相关人员的考核标准，由国家安全监管总局统一制定。煤矿企业的主要负责人、安全生产管理人员和特种作业人员的考核标准，由国家煤矿安监局制定。除危险物品的生产、经营、储存单位和矿山、金属冶炼单位以外其他生产经营单位主要负责人、安全生产管理人员及其他从业人员的考核标准，由省级安全生产监督管理部门制定。

该办法第二十条规定，国家安全监管总局负责省级以上安全生产监督管理部门的安全生产监管人员、各级煤矿安全监察机构的煤矿安全监察人员的考核；负责中央企业的总公司、总厂或者集团公司的主要负责人和安全生产管理人员的考核。省级安全生产监督管理部门负责市级、县级安全生产监督管理部门的安全生产监管人员的考核；负责省属生产经营单位和中央企业分公司、子公司及其所属单位的主要负责人和安全生产管理人员的考核；负责特种作业人员的考核。市级安全生产监督管理部门负责本行政区域内除中央企业、省属生产经营单位以外的其他生产经营单位的主要负责人和安全生产管理人员的考核。省级煤矿安全培训监管机构负责所辖区域内煤矿企业的主要负责人、安全生产管理人员和特种作业人员的考核。除主要负责人、安全生产管理人员、特种作业人员以外的生产经营单位的其他从业人员的考核，由生产经营单位按照省级安全生产监督管理部门公布的考核标准，自行组织考核。《生产经营单位安全培训规定》（2015年修订）规定了不同行业、不同培训对象三级安全教育的内容、学时数及每年再培训的学时数。

8.13 事故模拟及仿真等软件的开发

目前市场上的事故模拟软件有很多，但很多软件的质量不高，模拟结果不理想。安全工程专业的大学生创业者可以从中挖掘市场，开展事故模拟软件的开发。市场需求的常用软件有可燃或有毒物质泄漏扩散模拟软件、蒸气云爆炸模拟软件、火灾模拟软件、专家决策辅助系统支持软件、各类事故应急处置模拟软件、事故的应急救援能力建设及模拟分析软件、基于严重事故管理导则（SAMG）事故序列的严重事故模拟软件、外部防护距离确认模拟分析软件等。

附　录

附录 A　创业计划书示例（适用于科技生产型创业项目）

1. 概述

（1）创业企业简介

创业企业或项目主营产品内容、技术来源等，创业团队及股权分配说明。

（2）资金需求预期

企业或项目筹备期间的费用、技术转让费用、场地及固定资产费用、资金周转费用占比等。

（3）融资条件

融资需求、缴纳时间、董事及监事席位、非现金出资占比等。

（4）风险分析

简要阐述公司内外环境、计划、管理、市场等对投资回报率的影响。

（5）其他因素

采购、购销、营销策略、财务损益等分析评估。

2. 企业基本情况

（1）项目或公司背景

（2）主营业务内容

（3）初始资本

（4）企业成立程序与日期

（5）法人与地址等

3. 企业组织结构

（1）筹建期组织结构

（2）设立后组织系统结构

（3）主要负责人资料

4. 研究与开发

（1）关键技术说明

（2）生产与制造工艺流程

（3）原材料供应与厂家

（4）工人素质要求与产能

5. 行业及市场情况

（1）产品市场分析

（2）行业竞争分析

6. 营销策略

（1）销售方式

（2）营销策略

（3）定价方案

7. 财务计划

（1）资金需求

（2）未来3年现金流量预测

（3）投资回报预期

（4）盈亏平衡分析等

8. 风险控制

（1）技术与产品风险

（2）市场风险

（3）投资退出风险

（4）企业文化

（5）风险管控预案与措施

9. 项目实施进度

（1）产品生产进度

（2）市场投放进度

（3）研发进度

10. 补充资料

（1）财务报表

(2) 市场调查数据

(3) 知识产权文件

(4) 企业营业资质

(5) 其他证明材料

附录 B　创业计划书示例（适用于服务型创业项目）

1. 执行总结

(1) 企业概述

(2) 市场机会和竞争优势

(3) 产品（服务）前景

(4) 企业所处的环境及创立背景

(5) 创业立项的重要性及必要性分析

(6) 创业企业经营业务及内容

(7) 创业企业设立程序及其日程表

(8) 预计资本金

2. 产品服务介绍

(1) 产品服务描述（特征、主要客户对象等）

(2) 产品服务优势

3. 市场调查和分析

(1) 市场容量估算

(2) 预计市场份额

(3) 市场组织结构

4. 企业战略

(1) SWOT 分析报告

(2) 企业总体战略

(3) 企业发展战略

5. 营销战略

(1) 目标市场

(2) 产品和服务

(3) 价格的确定

(4) 分销渠道

(5) 权利和公共关系

(6) 政策

6. 产品制作管理

(1) 工作流程图以及生产工艺流程图

(2) 生产设备及要求

(3) 质量管理措施及方法

7. 管理体系

(1) 企业性质及组织形式

(2) 部门职能

(3) 管理理念及企业文化

(4) 团队成员任职及责任

8. 投资分析

(1) 股本结构与规模

(2) 资金来源与运用

(3) 投资收益与风险分析(对报酬率、回收净值、回收期等的计算)

(4) 可以引入的其他资本

9. 财务分析

(1) 财务预算的编制依据分析

(2) 未来3年的预计会计报表及附表

(3) 财务数据分析(主要财务指标分析、敏感分析和盈亏平衡分析等)

10. 机遇与风险

(1) 机遇分析

(2) 外部风险分析

(3) 内部风险分析

(4) 解决方案和应对措施

11. 风险资本的退出

(1) 撤出方式

(2) 撤出时间

12. 补充资料

参考文献

[1] 杨敏,陈龙春. 大学生创业基础[M]. 2版. 杭州:浙江大学出版社,2014.

[2] 赵光锋,肖海荣. 创新创业教育:让大学生走在时代的前沿[M]. 北京:中国纺织出版社,2018.

[3] 郝宏伟. 大学生创业基础[M]. 广州:广东高等教育出版社,2013.

[4] 王卫东. 大学生创业基础[M]. 北京:中国水利水电出版社,2013.

[5] 宋来新,商云龙. 化工行业大学生创新创业基础教程[M]. 北京:化学工业出版社,2017.

[6] 石国亮. 大学生创新创业教育[M]. 北京:研究出版社,2010.

[7] 库洛特克,霍志茨. 创业学:理论、流程与实践[M]. 6版. 北京:清华大学出版社,2004.

[8] 张玉臣,叶明海,陈松. 创业基础[M]. 北京:清华大学出版社,2015.

[9] 杨秋玲,王鹏. 创业基础[M]. 北京:北京理工大学出版社,2018.

[10] 陈承欢,杨利军,高峰. 创新创业指导与训练[M]. 北京:电子工业出版社,2017.

[11] 秦小冬,赵云昌. 大学生创业教程[M]. 北京:清华大学出版社,2017.

[12] 李良智,查伟晨,钟运动. 创业管理学[M]. 北京:中国社会科学出版社,2007.

[13] 孙洪义. 创新创业基础[M]. 北京:机械工业出版社,2016.

[14] 魏国江. 大学生创新创业基础[M]. 北京:清华大学出版社,2019.

[15] 李朴,王飞,郑凌霄. 煤矿安全监管创新机制研究[J]. 山西煤炭,2017(4):78-81.

[16] 杜受富,余时芬. 水利工程安全第三方监督管理模式初探[J]. 人民长江,2017(18):82-85.

[17] 顾恩凯,魏东泽. 第三方安全检查服务在港口危险货物安全监管中的实践[J]. 水运管理,2019(2):10-14.

[18] 陈小泉,陈海兵. 第三方专家排查隐患工作机制探索[J]. 安全,2015(6):45-46.

[19] 赵艳艳,朱必勇,盛建红,等. 非煤矿山第三方安全监管服务模式优化研究[J]. 采矿技术,2018(3):110-113.

[20] 刘沁玲,陈文华. 创业学[M]. 2版. 北京:北京大学出版社,2019.

［21］宋来新，商云龙. 化工行业大学生创新创业基础教程［M］. 北京：化学工业出版社，2018.

［22］刘平，李坚，钟育秀. 创业学：理论与实践［M］. 3版. 北京：清华大学出版社，2016.

［23］张涛. 创业管理［M］. 3版. 北京：清华大学出版社，2016.

［24］魏拴成，姜伟. 创业学：创业思维·过程·实践［M］. 北京：机械工业出版社，2013.

［25］王亚利，余伟萍. 创业方案及点评［M］. 北京：清华大学出版社，2006.

［26］孙德林，黄林. 创业管理与技能［M］. 北京：经济管理出版社，2010.

［27］丁政，米银俊. 创客：创新创业基础教程［M］. 广州：广东高等教育出版社，2017.

［28］徐剑明. 自主创业实务［M］. 北京：中国经济出版社，2007.

［29］赵光锋，肖海荣. 创新创业教育：让大学生走在时代的前沿［M］. 北京：中国纺织出版社，2018.

［30］代凤兰，官素琼. 创业就业指导［M］. 2版. 北京：科学出版社，2004.

［31］彭行荣. 创业教育［M］. 北京：中国科学技术出版社，2003.

［32］陈敏. 创业指导［M］. 杭州：浙江大学出版社，2004.

［33］李莉丽，尤希利. 我国大学生创业教育运行机制研究［M］. 济南：山东大学出版社，2009.

［34］徐小洲，李志永. 创业教育：普通高校版［M］. 杭州：浙江教育出版社，2009.

［35］傅兆麟，谢红霞，兰希秀. 普通高校大学生创业与成功教育教程［M］. 合肥：中国科学技术大学出版社，2009.

［36］蒂蒙斯，斯皮内利. 创业学案例［M］. 周伟民，吕长春，译. 6版. 北京：人民邮电出版社，2005.

［37］毕元. 大学生就业与创业之路的选择［J］. 现代国企研究，2016（22）：49-51.

［38］杨武斌. 创业环境是创业成功的外部条件［J］. 科技创业，2004（8）：20.

［39］王建中. 创业环境及资源整合能力对新创企业绩效影响关系研究［D］. 昆明：昆明理工大学，2011.

［40］赵辉辉. 大学生创业者执行力与初创期绩效关系研究［D］. 杭州：杭州电子科技大学，2012.

［41］王巧翠. 我国资源型城市创业环境评价研究［D］. 大庆：东北石油大学，2013.

［42］朱燕空，郑炳章，王伟. 我国创业环境研究综述［J］. 石家庄经济学院学报，2008（2）：122-126.

［43］郑炳章，朱燕空，赵磊. 创业环境影响因素研究［J］. 经济与管理，2008（9）：58-61.

［44］时代光华图书编辑部. 市场竞争策略分析与最佳策略选择［M］. 北京：北京大学出版社，2004.

［45］张慧明，周德群，沈丹云. 基于市场竞争分析的企业进入模式选择模型［J］. 能源技术与管理，2007（5）：86-89.

［46］郑小勇. 相对竞争地位与竞争战略选择——市场追随者的战略选择博弈［J］. 商业研

究，2004（13）：11-13.

[47] 李俊恒. 行业环境分析及竞争策略选择 [J]. 品牌：理论月刊，2009（5）：65-66.

[48] 曾维新. 浅析市场竞争模式的选择 [J]. 探索，1987（02）：49-51.

[49] 赵光辉. 论人才创业风险的来源与控制 [J]. 当代经济管理，2005（4）：109-116；151.

[50] 席升阳. 我国大学创业教育的观念、理念与实践 [M]. 北京：科学出版社，2008.

[51] 王英杰，郭小平. 创业教育与指导 [M]. 北京：机械工业出版社，2006.

[52] 高建伟，丁德昌. 就业指导与创业教育 [M]. 北京：中国传媒大学出版社，2007.

[53] 董平，石爱勤. 职业指导与创业教育 [M]. 北京：北京大学出版社，2008.

[54] 胡长健，孙道胜. 大学生就业创业教育教程 [M]. 合肥：安徽大学出版社，2007.

[55] 伍维根，张旭辉，彭德惠. 大学生就业创业教育教程 [M]. 成都：西南交通大学出版社，2007.

[56] 徐振轩. 就业指导与创业教育 [M]. 北京：电子工业出版社，2009.

[57] 刘晓明. 就业·择业·创业 [M]. 北京：高等教育出版社，2004.

[58] 王兆明，顾坤华. 大学生职业指导：就业创业实务 [M]. 苏州：苏州大学出版社，2009.

[59] 张蔚虹. 技术创业：新创企业融资与理财 [M]. 西安：西安电子科技大学出版社，2009.

[60] 松涛. 财富始于野心——卡耐基给创业人的二十七条忠告 [M]. 北京：现代教育出版社，2008.

[61] 李时椿，常建坤. 创业与创新管理：过程·实战·技能 [M]. 南京：南京大学出版社，2008.

[62] 郭广生. 我和创业有个约会——大学生创业教育理论与实践 [M]. 北京：中国轻工业出版社，2010.

[63] 别业舫，张惠兰，陈明金. 择业与创业：当代大学生就业教育的理论与实践 [M]. 北京：北京大学出版社，2005.

[64] 刘道玉. 大学生自我设计与创业 [M]. 3版. 武汉：武汉大学出版社，2009.

[65] 埃兹科维茨. 麻省理工学院与创业科学的兴起 [M]. 王孙禺，等译. 北京：清华大学出版社，2007.

[66] 储克森. 职业、就业指导及创业教育 [M]. 2版. 北京：机械工业出版社，2007.

[67] 杨建春，吴静，吴穹，等. 市场需求与安全专业人才培养 [J]. 安全与环境学报，2006（S1）：33-34.

[68] 王雨. 专业认证框架下安全工程专业课程体系改革探索与实践 [J]. 中国安全生产科学技术，2012（5）：169-172.

[69] 王庆，钮英建，陈文瑛. 安全工程专业学生工程素质与能力的培养对策 [J]. 中国电力教育，2010（30）：15-17.

[70] 郝炯，刘英炎，黄思丽，等. 安全与环境应用复合型人才培养之管见 [J]. 中国西部科技，2015（1）：112-113.

[71] 孙文卿，隆泗，王雨，等. 四川煤矿安全培训教师结构现状及职业特征分析——基于安全工程专业学生就业视角 [J]. 华北科技学院学报，2015，12（4）：83-87.

[72] 张小良，梁梵洁，麻庭光，等. 安全与应急管理学科发展 [J]. 中国安全生产科学技术，2020，16（12）：183-188.

[73] 宋智慧."人才强安"促发展：湖南安全监管监察队伍建设之调查与思考 [J]. 湖南安全与防灾，2017（6）：8-10.

[74] 于晓宇，蔡莉，陈依，等. 技术信息获取、失败学习与高科技新创企业创新绩效 [J]. 科学学与科学技术管理，2012，33（7）：62-67.